职业教育电工电子类基本课程系列教材

PLC 原理与应用

庄 鑫 张慧坤 周 慧 主编

电子工业出版社
Publishing House of Electronics Industry
北京·BEIJING

内 容 简 介

全书的主要内容有 PLC 应用基础、基本顺序指令及应用、基本功能指令及应用、控制指令及应用、比较指令及应用、高级指令及应用和 PLC 通信。

本书可作为中专和高职电类教材或教学参考书，也可供从事 PLC 控制系统设计、开发的专业人员阅读。

未经许可，不得以任何方式复制或抄袭本书之部分或全部内容。

版权所有，侵权必究。

图书在版编目（CIP）数据

PLC 原理与应用 / 庄鑫，张慧坤，周慧主编. —北京：电子工业出版社，2017.2
ISBN 978-7-121-30683-9

Ⅰ. ①P… Ⅱ. ①庄… ②张… ③周… Ⅲ. ①plc 技术－中等专业学校－教材 Ⅳ. ①TM571.6

中国版本图书馆 CIP 数据核字（2016）第 311434 号

策划编辑：杨宏利　　　投稿邮箱：yhl@phei.com.cn
责任编辑：郝黎明
印　　刷：涿州市京南印刷厂
装　　订：涿州市京南印刷厂
出版发行：电子工业出版社
　　　　　北京市海淀区万寿路 173 信箱　邮编 100036
开　　本：787×1 092　1/16　印张：14.5　字数：377.6 千字
版　　次：2017 年 2 月第 1 版
印　　次：2017 年 2 月第 1 次印刷
定　　价：34.50 元

凡所购买电子工业出版社图书有缺损问题，请向购买书店调换。若书店售缺，请与本社发行部联系，联系及邮购电话：（010）88254888，88258888。

质量投诉请发邮件至 zlts@phei.com.cn，盗版侵权举报请发邮件至 dbqq@phei.com.cn。

本书咨询联系方式：邮箱 yhl@phei.com.cn，微信号 nmyhl678，微博昵称 利 Hailee。

前 言

模块式技能培训是 20 世纪 70 年代初由国际劳工组织研究开发出来的以现场教学为主，以技能培训为核心的一种教学模式。它是以岗位任务为依据确定模块，以从事某种职业的实际岗位工作的完成程序为主线，可称之为"任务模块"。

我国职教界总结出了相对适合我国国情的"宽基础、活模块"教育模式。所谓"宽基础、活模块"教育模式，就是从以人为本、全面育人的教育理念出发，根据正规全日制职业教育的培养要求，通过模块课程间灵活合理的搭配，首先培养学生宽泛的基础人文素质、基础从业能力，进而培养其合格的专门职业能力。

本书就是按这一教育理念编写，并把每个模块又细化为教学目标、工作任务、实践操作、问题探究、知识拓展、思考练习、教学评价七个单元，使本书在教学的应用中可以突出重点，使得层次清晰；可以按照教学大纲对教学要求和深度的调整，对应地调整教学内容和教学层次。

本书的编写具有以下特点：

（1）按模块教学法的要求、结构编写本书，实施理论与实践一体化教学。增强了教学的适应性，提高了学生的学习热情、兴趣。

（2）突出了实践教学、实做教学。

（3）对照职高、职专学生的知识基础，本书从工程实践的角度出发，以日本松下 FP0 系列 PLC 为例，通过实际的应用实例系统地介绍了可编程控制器的功能和特点、工作原理、指令系统和编程软件的使用。通过先做后想，想过再做，重点介绍 PLC 控制系统的硬件设计及软件开发方法。

（4）针对国家劳动主管部门规定施行的"双证制"制度，技工学校的学生必须通过相应的技术等级考核，取得技术等级证书后才能毕业；岗位员工必须通过上岗培训，取得上岗资格证后，才能上岗工作。为此，本书注意了教学内容的深度、广度与相应的技术等级考核相吻合。

（5）本书图文并茂、通俗易懂、结构紧凑、叙述流畅，便于学生和自学者的自学掌握。

本书具有职业教学的特色，适用做高等职业学校、职业高中、职业学校及职业技工培训的教材。本书由黑龙江交通职业技术学院庄鑫、张慧坤、周慧主编，具体分工如下：庄鑫编写了项目一～项目三和项目七、附录，张慧坤编写了项目四～项目六，并负责文稿的录入和排版工作，本书在编写过程中得到了学院的大力支持和帮助，同时参考了很多兄弟院校的教学资料，在此不一一列出，仅此表示感谢。

目 录

课程目标和设计思路 …………………………………………………………………………（1）
项目一　PLC 应用基础 ………………………………………………………………………（2）
　　模块 1　FP0-C16 型 PLC 系统的基本构成 …………………………………………（2）
　　模块 2　PLC 构成的交通灯控制系统编程 …………………………………………（17）
　　模块 3　PLC 构成的交通灯控制系统的监控、调试和运行 ………………………（27）
项目二　基本顺序指令及应用 ………………………………………………………………（49）
　　模块 1　电动机启停、正反转控制 …………………………………………………（49）
　　模块 2　用 PLC 构成四组抢答器系统 ………………………………………………（59）
　　模块 3　用 PLC 构成多种液体自动混合系统 ………………………………………（68）
项目三　基本功能指令及应用 ………………………………………………………………（75）
　　模块 1　电动机 Y/△降压启动控制 …………………………………………………（75）
　　模块 2　砂处理生产线系统 …………………………………………………………（82）
　　模块 3　自动送料装车系统 …………………………………………………………（95）
项目四　控制指令及应用 ……………………………………………………………………（106）
　　模块 1　PLC 在多工步机床控制系统中的应用 ……………………………………（106）
　　模块 2　PLC 在多机系统自动切换控制中的应用 …………………………………（129）
项目五　比较指令及应用 ……………………………………………………………………（144）
　　模块 1　谷物烘干机 …………………………………………………………………（144）
　　模块 2　邮件分拣控制系统 …………………………………………………………（159）
项目六　高级指令及应用 ……………………………………………………………………（175）
　　模块 1　正火炉和回火炉的自动控制 ………………………………………………（175）
　　模块 2　广告牌闪烁彩灯控制系统 …………………………………………………（186）
项目七　PLC 通信 ……………………………………………………………………………（207）
　　模块 1　FP0 系列 PLC 组网 …………………………………………………………（207）
　　模块 2　上位机与网络中各台 PLC 的通信 …………………………………………（213）
附录 ……………………………………………………………………………………………（216）

课程目标和设计思路

一、课程目标

1. 掌握可编程控制器原理及应用在工业控制系统中的应用；
2. 能够使用可编程控制器改造继电控制系统；
3. 具有维护与管理自动化生产线的基本能力；
4. 为今后从事现代生产线控制技术的应用与开发打下基础；
5. 掌握 PLC 的基本原理，能够阅读 PLC 的程序，分析 PLC 控制系统，能够根据生产实际的需要设计相应的 PLC 控制系统，编写相应的控制程序；
6. 树立理论联系实际、实事求是的科学态度，培养学生的创造思维和分析问题、解决问题的能力。

二、设计思路

PLC 技术课程是一门理论性较深、实践性较强的专业课程，课程教学的总体思路是采用模块化的项目课程教学法，项目按照 PLC 的知识体系结构来设置，每个项目中包含的模块是一种并列的关系，每个项目中包含的模块从不同方面来完成项目中包含的内容。

本教材的大部分课程应该在可编程控制器实验室进行，通过理论讲解与实际操作一体化的综合训练方式，使学员能够在较短的时间内达到该课程的目标。

项目一

PLC应用基础

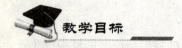

终极目标：

能按PLC接线图进行正确接线，能熟练使用编程软件对PLC进行设置、控制、编程、监控和调试。

促成目标：

1. 能按PLC构成的控制系统接线图进行正确接线；
2. 能使用编程软件进行编程；
3. 能使用编程软件对PLC进行设置和控制，能使用编程软件进行编程、监控和调试。

模块1 FP0-C16型PLC系统的基本构成

一、教学目标

终极目标：

能根据FP0-C16型PLC系统接线图进行正确接线。

促成目标：

1. 能够识别FP0-C16型PLC控制面板的结构，熟悉用途；
2. 能将FP0-C16型PLC的电源输入端与电源模块的输出端正确连接；
3. 能利用输入、输出接口电路的结构原理解释输入、输出设备与PLC的连接。

二、工作任务

对PLC构成的控制系统实施接线。

三、实践操作

1. 松下 FP0-C16 型控制器外部部件的名称和功能

如图 1-1 所示为计算机与松下 FP0-C16 型控制器系统接线图。

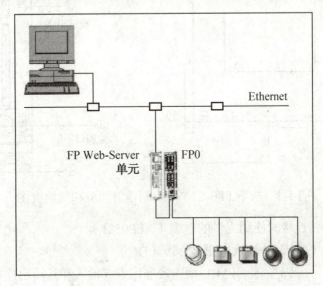

图 1-1　计算机与松下 FP0-C16 型控制器系统接线图

松下 FP0-C16 型 PLC 控制器控制单元与面板的结构，如图 1-2 和图 1-3 所示。

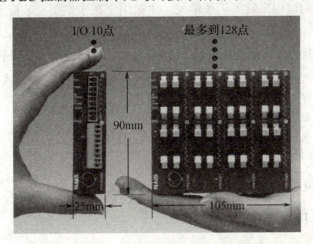

图 1-2　松下 FP0 可编程控制器控制单元

说明：

① 状态指示发光二极管。这些发光二极管显示"松下 FP0-C16 可编程控制器"的操作状态。

② 模式开关。此开关改变松下 FP0 的操作模式。

③ 编程口（RS232C）。此口用于连接编程工具。

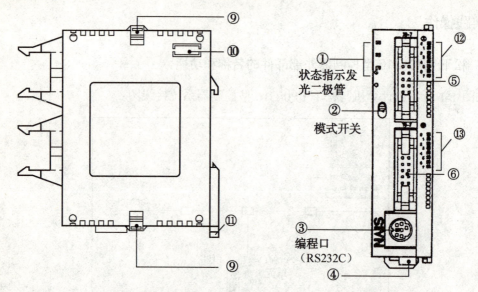

图 1-3　松下 FP0-C16 型控制器前面板和侧面板图

④ 电源连接器。连接时使用提供的电缆（AFP0581）。

⑤ 输入连接器（⑩脚）。输入电压是 24V（DC）。

⑥ 输出连接器（⑩脚）。使用 MIL 型连接器作为⑤输入和⑥输出连接器。

⑦ 输入连接器（⑩脚 X2）。输入电压是 24V（DC）。

⑧ 输出连接器（⑩脚 X2）。使用 MIL 型连接器作为⑦输入和⑧输出连接器。

⑨ 扩展钩。它们被用来紧固扩展单元，也被用于在平整型安装板上安装（AFP0804）。

⑩ 扩展连接器。它将扩展单元连接至控制单元的内部电路。

⑪ DIN 轨安装杆。允许简便地安装至 DIN 轨上。此杆也用于在窄长安装板（AFP0803）上的安装。

⑫ 输入指示发光二极管。指示输入的通断状态。

⑬ 输出指示发光二极管。指示输出的通断状态。

2. 连接 PLC 电源线

使用 AFP0581 电缆连接电源模块提供的 24V（DC）。

3. 输入设备与 PLC 连接

将输入设备和电源串联后接在 I/O 分配时，分配给该设备的输入端和 COM 端之间。使用直流电源时，COM 端接电源正极。

4. 输出设备与 PLC 连接

（1）将输出设备和电源串联后接在 I/O 分配时，分配给该设备的输出端和 COM 端之间。使用直流电源时，COM 端接电源正极。

（2）当使用交流感性负载时，要使负载和一 RC 串连电路构成的浪涌吸收器相串联，其

中 R 为 500Ω，C 为 $0.47\mu F$。

（3）当使用直流感性负载时，一定要在负载的两端接上一个二极管，其中二极管的反向电压（V_R）应3倍于负载电压，平均整流正向电流（I_o）≥负载电流。

（4）使用电容性负载的注意事项：当连接一个具有大冲击电流的负载时，为最大限度降低其影响，按图1-4和图1-5所示，安装一个保护电路（松下FP0的操作状态）。

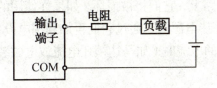
图1-4 串电阻保护电路

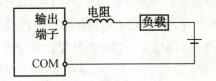
图1-5 串电感保护电路

（5）使用一外部保险丝对过载提供保护。输出电路自身没有保险丝，因此，为对可能的短路引起的输出电路过热进行保护，可在每一输出点装一外部保险丝。然而在短路情况下，控制电路自身可能受不到保护。

（6）输入、输出接线的共同注意事项：布线时应使输入、输出走线尽可能分开，输入、输出走线与电源接线也要尽可能分开，不要将它们在同一导管下布线，也不要把它们挽在一起，输入、输出线与电源高压线至少分隔100mm。

5．通电

1）安全

在某些应用场合，下述原因会导致控制器功能失常：

（1）在松下FP0控制单元和I/O或马达驱动的装置间的电源开启存在时间差。

（2）发生瞬时电源跌落时，某动作时间的滞后。

（3）FP0、电源电路或其他设备发生异常。

为防止功能失常导致系统停机，可采取以下步骤：

（1）互锁电路。当两个互相矛盾的运动被控制时，可在可编程控制器的输出和控制装置间加一个互锁电路。当马达的顺/逆时针操作被控制时，可提供一互锁电路防止顺时针操作信号和反时针操作信号同时输入到马达上。

（2）急停电路。加上一个急停电路到被控装置上以防止功能失常时系统损坏事故。

（3）启动顺序。松下FP0应在所有外部设备都加电后才能工作。为保证启动顺序，应采取以下措施：

① 在电源提供给所有外部设备后，置模式开关从PROG模式到RUN模式。

② 给松下FP0编程时，应使其在外部设备加电前忽略输入和输出信号。

注意：给松下FP0停机时，也要在FP0已停止工作后才关断I/O设备。

（4）安全接地。当给临近变频器或其他由于开关会产生高压的类似设备的FP0接地时，要避免和这些设备共用地线，每个设备都要使用单独的地线。

2）掉电

若掉电持续少于 5ms，FP0 将继续工作。如果掉电持续长于 5ms，结果将取决于单元的配置、电源电压和其他类似条件。

3）电源和输出部分的保护

（1）电源。请使用具有内设绝缘型保护电路的电源。因控制单元工作的电源部分由非绝缘电路构成。因而，如果异常电压直接加到内部电路上，它们将被损坏。如果你使用的电源不带保护电路，请安装一只保险或其他保护元件，并让电源首先通过它们再加到用电设备上。

（2）输出部分。当可能发生比额定控制容量大的电流时（如马达锁死电流或电磁装置的线圈短路），安装一只外部保险来提供保护。

4）检查事项

（1）接通电源前

检查项目	说　明
设备安装	设备型号与设计清单相符吗？ 全部单元都牢固地固定了吗？ 设备内是否留有接线工作时掉进的线头或杂物？特别要检查是否有导电材料。
电源	提供的工作电压正确吗？ 电源电缆接好了吗？
检查输入/输出端子	连接器和端子的接线匹配吗？ I/O 的工作电压正确吗？ I/O 的连接器接好了吗？ 线号对吗？ 安装螺丝和端子螺丝紧固垂手了吗？
控制单元的设置	模式开关是否置于 PROG 模式了？

（2）接通电源后

① 电源接通。电源接通后，PROG 发光二极管是否正确点亮？

② 编程工具。程序用编程软件或 FP 编程器 II 来编写。使用编程工具的"总检查功能"来检查语法错误。

③ 检查输出接线。用强迫输出功能检查输出接线。

④ 检查输入接线。通过看输入状态发光二极管的通断状态或通过使用编程工具的监视功能来检查输入接线。

⑤ 试操作。当模式开关从 PROG 切换到 RUN 时，RUN 发光二极管亮吗？检查程序的工作情况。

⑥ 程序正确性（查错）。如果程序的工作出现问题，用编程工具的监视功能来检查程序。

四、问题探究

1. PLC 的组成

可编程序控制器的组成同计算机基本一样，由电源、中央处理机、输入接口、输出接口及外围设备接口构成。图 1-6 给出了可编程序控制器的结构框图。

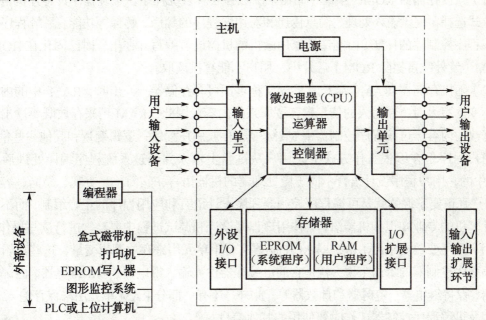

图 1-6 可编程序控制器结构框图

1）用户输入接口

输入接口是可编程序控制器与控制现场的接口界面的输入通道。

2）用户输出接口

输出接口接收主机的输出信息，并进行功率放大和隔离，经过输出接线端子向现场的输出部分输出相应的控制信号。

3）微处理器（主机）

中央处理机包括微处理器和存储器等。微处理器是具有运算和控制功能的大规模集成电路，又称 CPU，它控制所有其他部件的操作，是 PLC 的核心，其作用是：

（1）按照系统程序赋予的功能接收并存储由编程器键入的用户程序和数据，诊断电源及程序控制器内部电路的工作状态和编程中出现的语法错误。

（2）用扫描方式工作。监视和接收现场输入信号，从存储器中逐条读取并执行用户程序，完成用户程序所规定的逻辑或算术运算等操作，根据运算结果控制输出。

不同型号的可编程序控制器可能使用不同种类的微处理器。常用的通用微处理器有单片机和双极型位片式微处理器等。在小型可编程序控制器中大多采用 8 位微处理器，中型机中多采用 16 位的微处理器，大型机中多采用高速位片机，不同的微处理器只能执行各自的机器语言所编写的程序。

4）存储器

存储器是具有记忆功能的半导体集成电路，用于存放系统程序、用户程序、逻辑变量和其他信息。系统程序是控制和完成可编程序控制器各种功能的程序，由控制器制造厂家编写。用户程序是根据生产过程和工艺要求设计的控制程序，由可编程序控制器的使用者编写。可编程序控制器中使用的存储器有 ROM、RAM 和 EPROM。

（1）只读存储器 ROM。只读存储器中一般存放着系统程序。系统程序具有开机自检、工作方式选择、键盘输入处理、信息传递和对用户程序的翻译、解释等功能。系统程序关系到可编程序控制器的性能，由制造厂家用微机的机器语言编写并在出厂时已固化在 ROM 或 EPROM（紫外线可擦除 ROM）芯片中，用户不能直接读取。

（2）随机存储器 RAM。随机存储器又称可读可写存储器。读出时，RAM 中的内容仍保持不变。写入时，新写入的信息覆盖了原来的内容。因此，RAM 用来存放既要读出又需经常修改的内容。可编程序控制器中 RAM 一般存放用户程序、逻辑变量和其他一些信息。

用户程序是在编程工作方式下，用户从键盘上输入并经过系统程序编译处理后放在 RAM 中的。用户程序设计语言不同于微处理器的机器语言，它简单、直观、易懂、容易掌握。用户真正要掌握的就是可编程序控制器程序设计语言和应用程序的正确编制，而不需要学习计算机的专业知识和机器语言。在用户程序设计和调试过程中要经常进行读写操作。所以，用户程序要放在 RAM 中，RAM 中还要有若干单元用来存放逻辑变量，这些逻辑变量用可编程序控制器的术语来说，就是它的可编程器件如输入继电器、输出继电器、内部辅助继电器、保持继电器、定时器和计数器等。此外，还有一部分 RAM 单元用来保存输入/输出状态表及可编程序控制器工作时要使用的其他信息。

RAM 中的内容在掉电后要消失，所以可编程序控制器对 RAM 提供有备用电池供电电路。一般备用电池是锂电池，使用期 3~5 年。如果调试通过的用户程序要长期使用，可用专用的 EPROM 写入器把程序固化在 EPROM 芯片内，再把该芯片插入可编程序控制器上的 EPROM 专用插座中。

不同型号可编程序控制器的存储器容量是不同的。在可编程序控制器的技术特性中通常给出的是与用户编程和使用有关的指标，如可编程器件数、允许用户程序的最大长度等。这些指标间接地反映了 RAM 的容量，至于 ROM 容量则与可编程序控制器的种类和性能有关。

5）外围设备接口

外围设备不能直接与中央处理机相连，必须通过可编程序控制器的外围设备接口才能与中央处理机连接。常用的接口有外存储器接口，用于与 EPROM 和盒式磁带机的连接、远程通信接口以及与 CRT、打印机连接的接口等。

（1）外设通信接口。PLC 配有多种通信接口，PLC 通过这些通信接口可与编程器、打印机、其他 PLC、计算机等设备实现通信。可组成多机系统或连成网络，实现更大规模控制。

（2）扩展接口。用于连接 I/O 扩展单元和特殊功能单元。通过扩展接口可以扩充开关量 I/O 点数和增加模拟量的 I/O 端子，也可配接智能单元完成特定的功能，使 PLC 的配置更加灵活以满足不同控制系统的需要。I/O 扩展接口电路采用并行接口和串行接口两种电路形式。

工业控制中，除了用数字量信号来控制外，有时还要用模拟量信号来进行控制。模拟量模块有三种：模拟量输入模块、模拟量输出模块、模拟量输入/输出模块。如图1-7所示，为电动机全压启动PLC控制接线图。

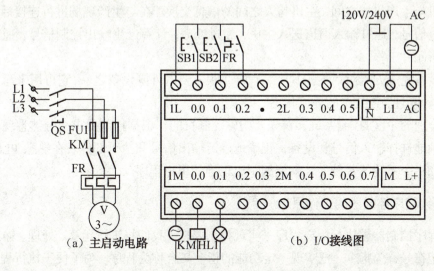

图1-7 电动机全压启动PLC控制接线图

① 模拟量输入模块。模拟量输入模块又称A/D模块，将现场由传感器检测而产生的连续的模拟量信号转换成PLC的CPU可以接收的数字量，一般多为12位二进制数，数字量位数越多的模块，分辨率就越高。

② 模拟量输出模块。模拟量输出模块又称为D/A模块，把PLC的CPU送往模拟量输出模块的数字量转换成外部设备可以接收的模拟量（电压或电流）。模拟量输出模块所接收的数字信号一般多为12位二进制数，数字量位数越多的模块，分辨率就越高。

6）电源部件

电源部件将交流电压信号转换成微处理器、存储器及输入、输出部件正常工作所需要的直流电源。由于可编程序控制器主要用于工业现场的自动控制，直接处于工业干扰的影响之中，所以，为了保证可编程序控制器内主机可靠地工作，电源部件对供电电源采用了较多的滤波环节，还用集成电压调整器进行调整以适应交流电网的电压波动，对过电压和欠电压都有一定的保护作用。另外，采用了较多的屏蔽措施来防止工业环境中的空间电磁干扰。常用的电源电路有串联稳压电路、开关式稳压电路和设有变压器的逆变式电源。串联稳压电路是在电源回路串入带电压自动调节器的可变电阻，当电源侧或负荷侧电压发生变动时，自动调节电阻值以保持输出电压恒定，可变电阻可用大功率管实现。

开关式稳压电路是交直电路。它通过开关管把直流输入变为高频方波，再把方波滤波变为直流稳压波。

供电电源的电压等级常见的有：AC 100V、200V，DC 100V、48V、24V等。

以上六部分组成的总体称为可编程序控制器，简称PLC，它是一种可根据生产需要人为灵活变更控制规律的控制装置，它与各种生产机械配套可组成各种工业控制设备，实现对生产过程或某些工艺参数的自动控制。由于 PLC 主机实质是一台工业专用微机,并具有普通微机所不具备的特点,使它成为各种开环、闭环系统控制器的首选方案之一。

综上所述,PLC 主机在构成实际系统时,至少需要建立以下两种双向的信息交换通道,即完成主机与生产机械之间,主机与人之间的信息交换。在与生产现场进行连接后,含有工况信息的电信号,通过输入通道送入主机,经过处理,计算产生输出控制信号,通过输出通道控制执行元件工作。

外围设备完成人机对话工作其中编程器是很重要的外围设备之一,它可用来写入和读出用户程序,并可监控 PLC 的运行状态。

建立合理的 PLC 控制系统,首先要明确控制目的,根据控制要求充分熟悉现场的工艺过程,正确地选择输入信号和设备,正确地确定输出信号和执行部件。在熟悉 PLC 器件、工作原理和指令系统的基础上,就能编制出正确的用户程序。

2. 可编程序控制器的工作原理

可编程序控制器靠执行用户程序来实现控制要求。我们将进行运算、处理、输入和输出步骤的助记符号称为指令,把实现一定功能的指令集合称为程序。为了便于执行程序,在存储器中设置了输入状态表寄存器区和输出状态表寄存器区,分别保存执行程序之前的各输入端状态和执行程序过程中及结果的状态。PLC 以循环扫描方式工作。

PLC 对用户程序的执行过程是以微处理器的周期性循环扫描、集中采样、执行程序、集中输出的方式进行的。PLC 开始运行时,首先清除输入/输出状态寄存器原来的内容,然后进行自诊断,自检 CPU 及 I/O 组件,确认工作正常后开始循环扫描。PLC 工作过程示意图,如图 1-8 所示。

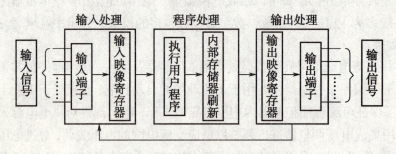

图 1-8 PLC 的工作过程示意图

(1)输入采样阶段。这是 PLC 循环扫描的第一阶段,不论输入端是否接线,CPU 顺序读取全部输入端,将读出的输入继电器的状态(接通 1、断开 0)写入输入状态表(即输入寄存器)中。

(2)程序执行阶段。CPU 进行用户程序扫描,CPU 按存放顺序,逐步地读取指令,并根据输入/输出状态表中的内容和有关数据执行指令,将执行结果写入输出状态表(即输出寄存器)中。

(3)输出刷新阶段。全部指令执行完之后,把输出状态表中所有输出继电器的 1(通)、0(断)状态,经过输出部分送到输出锁存电路,以驱动输出继电器线圈,控制执行部件的相应动作。然后，CPU又返回去进行下一个循环的扫描。

PLC的这种顺序扫描工作方式，简单、直观，也简化了用户程序的设计。由于PLC在程序执行阶段，只是根据输入/输出状态表中的内容执行，与外电路相隔离，为PLC的可靠运行提供了保证。

PLC完成一个完整工作周期，即从读入输入状态到发出输出信号所用的时间称为扫描时间或扫描周期。PLC的扫描周期与PLC的时钟频率（CPU工作由时钟控制）、用户程序的长短及系统配置有关。一般输入采样和输出刷新只需要 1~2μs，所以扫描时间主要由用户程序执行的时间决定。通常扫描时间在十至几十毫秒之间，这对工业控制对象来说几乎是瞬时完成的。在PLC内部设有扫描周期监视定时器，监视每次扫描是否超过规定的时间。如果主机出现故障，扫描时间变长，会发出报警信号；超过一定限度，PLC将停止工作，并发出报警信号。

由于输入信号只在输入阶段读入，在程序执行阶段即使输入信号发生变化，输入状态表的内容也不会改变，所以在本次循环不能得到响应，这就是PLC的输入/输出响应的滞后现象。最大滞后时间为2~3个扫描周期，具体与编程方法有关。这种滞后响应，在一般工业控制系统中是完全允许的。某些需要输入/输出快速响应的场合，可以采用快速响应模块、高速计数模块以及中断处理措施来尽量减少滞后时间。在继电接触器控制系统中不存在此类时间滞后现象。

PLC的信息刷新方式，因机型不同而有差别，前面所介绍的是一般情况。有的PLC除了在输入采样阶段更新输入状态表的内容外，还在程序执行阶段，定时采样更新。有些PLC的输出刷新，除了在输出阶段进行外，在程序执行阶段有输出指令的地方立即进行一次输出刷新，以实现输入/输出快速响应。

3. PLC控制器与继电器控制系统的比较

1）PLC控制器与继电器控制系统的相同之处

（1）电路的结构大致相同。

（2）梯形图沿用了继电控制电路元件符号，个别有些不同。

（3）信号的输入与输出控制功能相同。

2）PLC控制器与继电器控制系统的差别

（1）组成的器件不同，继电控制线路由许多真正的继电器组成，而在PLC梯形图中的继电器是软继电器，实质上是存储器中的每一位触发器，没有机械触点被电蚀损坏的问题。

（2）工作方式不同。当电源接通时，继电控制线路中各继电器都处于受约状态。不应吸合的继电器都因受某条件限制不能吸合，该吸合的继电器都应吸合。而在梯形图的控制线路中，各继电器都处于周期性循环扫描接通之中，每个继电器受条件制约接通时间是短暂的。

（3）触点数目不同。继电控制线路中的继电器触点数目是有限的，一般一个中间继电器的触点数只有4~8对。而PLC的软继电器的触点数是无限的，因为存储器中的内容可读取任意次。

（4）联锁方式不同。在继电器控制线路中为了达到某种控制目的，既要安全可靠，又要节约继电器的触点，往往要设置许多制约关系的联锁电路。而 PLC 是扫描工作方式，不存在几个并列支路同时动作的可能性，因此可以大大简化电路设计。

（5）编程方式不同。继电控制线路中的程序由固定的线路确定，功能专一，不灵活。而 PLC 的控制电路由软件编程来实现，可以灵活变化，具有功能多样、通用性强和可以在线修改等特点。

4．PLC 控制器输入/输出接口电路的结构

1）输入接口电路

输入接口有光电耦合，亦称光电隔离器或光电耦合器，简称光耦。它是以光为媒介来传输电信号的器件，通常把发光器（红外线发光二极管 LED）与受光器（光敏半导体管）封装在同一管壳内。当输入端加电信号时发光器发出光线，受光器接受光线之后就产生光电流，从输出端流出，从而实现了"电—光—电"转换。以光为媒介把输入端信号耦合到输出端的光电耦合器，由于它具有体积小、寿命长、无触点、抗干扰能力强、输出和输入之间绝缘、单向传输信号等优点，在数字电路上获得了广泛的应用，如图1-9所示。

开关量输入接口电路：采用光电耦合电路，将限位开关、手动开关、编码器等现场输入设备的控制信号转换成 CPU 所能接受和受理的数字信号，即输入元件（开关、感应器等）驱动光耦，光耦①②脚得电后，③④脚导通，从而给 CPU 传送输入信号。如图 1-10 所示为 PLC 的输入接口电路（直流输入型）。

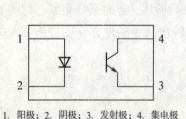

1. 阳极；2. 阴极；3. 发射极；4. 集电极

图 1-9　光电耦合器

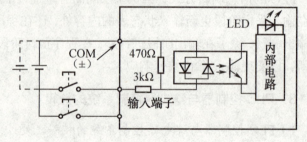

图 1-10　PLC 的输入接口电路

2）输出接口电路

开关量输出接口电路：采用光电耦合电路，将 CPU 处理过的信号转换成现场需要的强电信号输出，以驱动接触器、电磁阀等外部设备的通断电，输出接口有三种类型：继电器输出型、晶闸管输出型、晶体管输出型。目前我们比较了解的继电器输出型电路，即 CPU 的输出信号驱动光耦，光耦①②脚得电后，③④脚导通从而驱动继电器，继电器控制外部电路。如图1-11所示，为 PLC 的输出接口电路。

PLC 控制器的内部控制电路中有许多输出继电器，每个输出继电器除了有为内部控制电路提供编程使用的动合、动断触点外，还为输出电路提供了一个动合触点与输出接线端相连。驱动外部负载的电源由外部电源提供。在 PLC 输出端子上，有接输出电源用的公共端（COM）。

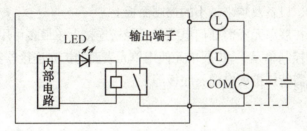

图 1-11　PLC 的输出接口电路

5．松下超小型 FP0 可编程序控制器系列的特色

松下超小型 FP0 可编程序控制器外形，如图 1-12 所示。

图 1-12　松下超小型 FP0 可编程序控制器外形

1）FP0 系列的五大功能

（1）高速 CPU：执行每个基本指令只需 0.9μs，脉冲捕捉和中断输入满足了高速响应的需要。

（2）大容量：具有 5000bit 的大容量内存，内部设备也具有大容量。

（3）控制功能：具备两路脉冲输出，可单独进行位置控制，互不干扰，具备双相、双通道高速计数功能。

（4）安装方便：无论是端块还是连接器，仅仅移动终端部分即可简单布线。

（5）维护简单：程序内存使用 EEPROM，此外，程序甚至在运行过程中可被修改。

2）FP0 系列的特点

（1）超小型尺寸：一个控制单元只有 25mm 宽，甚至扩充到 I/O128 点，扩充后宽度也只有 105mm，它的安装面积在同类产品中最小。

（2）可选择三种安装方式：DIN 轨条、底面直接安装、附面直接安装（不可用于扩展模块 I/O32）。

（3）控制单元宽度：30mm。

（4）控制单元尺寸：25×90×60mm（宽×高×长），最大可扩充至 128 点。

（5）扩充后尺寸：105×90×60mm（宽×高×长），由于 FP0 具有世界上最小的安装面积，故可安装在小型机器、设备及越来越小的控制面板上。

（6）轻松扩展：扩展单元不需任何电缆即可轻松连接上（最多可用三个扩展单元）。扩展单元可直接连接到控制单元上。扩展单元使用单元表面的扩充连接器和锁定单排触头即可形成层叠系统，而无需特殊扩展电缆、底板等。

五、知识拓展

1. PLC 的发展现状

目前，随着大规模和超大规模集成电路等微电子技术的发展，PLC 已由最初一位机发展到现在的以 16 位和 32 位微处理器构成的微机化 PC，而且实现了多处理器的多通道处理。如今的 PLC 技术已非常成熟，不仅控制功能增强、功耗和体积减小、成本下降、可靠性提高、编程和故障检测更为灵活方便，而且随着远程 I/O 和通信网络、数据处理以及图像显示的发展，使 PLC 向用于连续生产过程控制的方向发展，成为实现工业生产自动化的一大支柱。

现在，世界上有 200 多家 PLC 生产厂家，400 多个品种的 PLC 产品，按地域可分成美国、欧洲、日本等三个流派产品，各流派 PLC 产品都各具特色。其中，美国是 PLC 生产大国，有 100 多家 PLC 厂商，著名的有 A-B 公司、通用电气（GE）公司、莫迪康（MODICON）公司。欧洲 PLC 产品的主要制造商有德国的西门子（SIEMENS）公司、AEG 公司、法国的 TE 公司。日本有许多 PLC 制造商，如三菱、欧姆龙、松下、富士等。韩国的三星（SAMSUNG）、LG 等。这些生产厂家的产品占有 80% 以上的 PLC 市场份额。

经过多年的发展，我国的 PLC 生产厂家约有三十家，国内 PLC 应用市场仍然以国外产品为主。国内公司在开展 PLC 业务时有较大的竞争优势，如需求优势、产品定制优势、成本优势、服务优势、响应速度优势。

2. PLC 的发展趋势

随着 PLC 应用领域日益扩大，PLC 技术及其产品结构都在不断改进，功能日益强大，性价比越来越高。

（1）在产品规模方面，向两极发展。一方面，大力发展速度更快、性价比更高的小型和超小型 PLC。以适应单机及小型自动控制的需要。另一方面，向高速度、大容量、技术完善的大型 PLC 方向发展。随着复杂系统控制的要求越来越高和微处理器与计算机技术的不断发展，人们对 PLC 的信息处理速度要求也越来越高，要求用户存储器容量也越来越大。

（2）向通信网络化发展。PLC 网络控制是当前控制系统和 PLC 技术发展的潮流。PLC 与 PLC 之间的联网通信、PLC 与上位计算机的联网通信已得到广泛应用。目前，PLC 制造商都在发展自己专用的通信模块和通信软件以加强 PLC 的联网能力。各 PLC 制造商之间也在协商指定通用的通信标准，以构成更大的网络系统。PLC 已成为集散控制系统（DCS）不可缺少的组成部分。

（3）向模块化、智能化发展。为满足工业自动化各种控制系统的需要，近年来，PLC 厂家先后开发了不少新器件和模块，如智能 I/O 模块、温度控制模块和专门用于检测 PLC

外部故障的专用智能模块等，这些模块的开发和应用不仅增强了功能，扩展了 PLC 的应用范围，还提高了系统的可靠性。

（4）编程语言和编程工具的多样化和标准化。多种编程语言的并存、互补与发展是 PLC 软件进步的一种趋势。PLC 厂家在使硬件及编程工具换代频繁、丰富多样、功能提高的同时，日益向 MAP（制造自动化协议）靠拢，使 PLC 的基本部件，包括输入/输出模块、通信协议、编程语言和编程工具等方面的技术规范化和标准化。

3．PLC 的主要性能参数

各厂家的 PLC 产品技术性能各不相同，且各有特色，这里不一一介绍，只介绍一些基本的、常见的技术性能指标。

（1）输入/输出点数（即 I/O 点数）。指 PLC 外部输入、输出端子数，这是最重要的一项技术指标。

（2）扫描速度。一般以执行 1000 步指令所需时间来衡量，故单位为 ms/千步。有时以执行一步指令的时间计，如 μs/步。

（3）内存容量。一般以 PLC 所能存放用户程序多少来衡量。在 PLC 中程序指令是按"步"占用一个地址单元，一个地址单元一般占用两个字节。如一个内存容量为 1024 步的 PLC 可推知其内存为 2K 字节。

（4）指令条数。这是衡量 PLC 软件功能强弱的主要指标。PLC 具有的指令种类越多，说明其软件功能越强。

（5）内部寄存器。PLC 内部有许多寄存器用以存放变量状态、中间结果、数据等。还有许多辅助寄存器可供用户使用，这些辅助寄存器常可以给用户提供许多特殊功能或简化整体系统设计。因此寄存器的配置情况是衡量 PLC 硬件功能的一个指标。

（6）特殊功能模块。PLC 除了主控模块外还可以配接各种特殊功能模块。主控模块实现基本控制功能，特殊功能模块则可实现某一种特殊的功能。特殊功能模块的多少、功能强弱常是衡量 PLC 产品水平高低的重要标志。

4．PLC 的分类和应用场合

PLC 的分类方法很多，大多是根据外部特性来分类的，以下三种分类方法用得较为普遍。

1）按照点数、功能不同分类

根据输入/输出点数、存储器容量和功能分为小型、中型和大型三类。

（1）小型 PLC 又称为低档 PLC。它的输入/输出点数一般是 20 点～128 点，用户程序存储器容量小于 2K 字节，具有逻辑运算、定时、计数、移位等功能，可以用来进行条件控制、定时计数控制，通常用来代替继电器、接触器控制，在单机或小规模生产过程中使用。由于其体积小、价格低廉，一般用来替代 30 个及 30 个以上的继电器就比较合算。在国外，10 个左右的继电器控制系统也用小型 PLC 替代。由于用途广泛，小型 PLC 产品是 PLC 中量大且面广的产品。例如，立石公司的 C-20 及 C 系列 P 型 PLC，三菱公司的 F、F1、F2 系列，德州仪器公司的 T1-100，通用电气公司的 GE-1，上海香岛机电制造公司的 ACMY-S256 和

ACMY-S80 系列。

（2）中型 PLC 的 I/O 点数一般在 128 点～512 点之间，用户存储器容量为 2K～8K 字节，兼有开关量和模拟量的控制功能。它除了具备小型 PLC 的功能外，还具有数字计算、过程参数调节［如比例、积分、微分（P、I、D）调节］、模拟定标、查表等功能，同时辅助继电器数量增多，定时计数范围扩大，适用于较为复杂的开关量控制，如大型注塑机控制、配料及称重等小型连续生产过程控制等场合。例如，立石公司的 C500、C200H，三菱公司的 MELSEC-A1、A2、A3，哥德公司的 484 型 PLC。

（3）大型 PLC 又称为高档 PLC，I/O 点数超过 512 点，最多可达 8192 点，进行扩展后还能增加，用户存贮容量在 8K 字节以上，具有逻辑运算、数字运算、模拟调节、联网通信、监视、记录、打印、中断控制、智能控制及远程控制等功能，用于大规模过程控制（如钢铁厂、电站）、分布式控制系统和工厂自动化网络。例如，立石公司的 C1000、C2000，哥德公司的 584 型等。

2）按照结构形状分类

根据 PLC 各组件的组合结构，可将 PLC 分为整体式和机架模块式两种。

（1）整体式 PLC 是将中央处理机、输入/输出部件和电源部件集中于一体，装在一个金属或塑料外壳之中。输入/输出接线端子及电源进线分别在机箱的两侧，并有相应的发光二极管显示输入/输出状态。这种结构的 PLC 具有结构紧凑、体积小、重量轻、价格低和易于装入工业设备内部的优点，适用于单机控制，小型 PLC 通常采用这种结构。

（2）机架模块式的 PLC，各功能模块独立存在，如主机模块、输入模块、输出模块、电源模块等，各模块做成插件式，在机架底板上有多个插座，使用时将选用的模块插入底板就构成 PLC，这种 PLC 的配置灵活，装配和维修都很方便，也便于功能扩展，大中型 PLC 通常采用这种结构。

3）按照使用情况分类

从应用情况又可将 PLC 分为通用型和专用型两类。

（1）通用型 PLC 可供各工业控制系统选用，通过不同的配置和应用软件的编制可满足不同的需要，是用作标准工业控制装置的 PLC，如前面所举的各种型号。

（2）专用型 PLC 是为某类控制系统专门设计的 PLC，如数控机床专用型 PLC 就有美国 AB 公司的 8200CNC、8400CNC，德国西门子公司的专用型 PLC 等。

5. 对 PLC 的应用归纳

（1）开关逻辑控制。这是 PLC 最初也是最基本的应用范围，可以用 PLC 取代继电控制用于机床电气、自动生产线、高炉上料系统、电梯及自动生产线等。

（2）闭环控制。PLC 可用于闭环的位置控制和速度控制，如轧钢机、自动焊机等。大型 PLC 都配有 PD 调节功能，能完成如锅炉、冷冻、反应堆、水处理及酿酒等闭环的过程控制。

（3）机械加工的数字控制。

（4）机器人。目前机器人在工厂自动化网络中和生产线上得到越来越多的普遍使用。

（5）组成多级分布式控制系统。目前 PLC 控制技术已在世界范围内广为流行，国际市场竞争相当激烈，产品更新也很快，用PLC设计自动控制系统已成为世界潮流。

六、操作练习

按FP0-C16型PLC系统的基本构成接线图正确接线。

七、教学评价

根据相对应的教学大纲要求，实施操作练习考核；考核项目要按照教学大纲要求的评分标准进行。

模块2　PLC构成的交通灯控制系统编程

一、教学目标

终极目标：

使用FPWIN GR编程软件把PLC构成的交通灯控制系统的梯形图指令或指令表指令正确写入PLC中。

促成目标：

1. 能够安装FPWIN GR编程软件；
2. 能够启动和退出编程软件；
3. 会各种指令的输入和修改方法。

二、工作任务

把PLC构成的交通灯控制系统的梯形图指令和指令表指令分别写入PLC中。

三、实践操作

1. PLC通过串口和计算机连接

在计算机关机、PLC不通电的情况下，使用专用的连接线将计算机的串口和PLC的编程口连接起来。

2. 编程软件的安装和快捷键的建立

将FPWIN GR安装到计算机中，其安装步骤如下：

（1）关闭正在运行的应用程序。

（2）将FPWIN GR安装盘放入光盘驱动器中。

（3）双击光盘驱动器的盘符；打开 FPWIN GR 文件夹，运行 FPWIN GR 文件夹下的setup.exe文件，即可进入NAiS Control FPWIN GR 的安装向导界面。

（4）按安装提示即可完成安装。如果在桌面上放置 FPWIN GR 的快捷键图标，则通过双击该图标即可启动 FPWIN GR，非常方便地完成启动操作。在通常的安装操作过程中，FPWIN GR 所使用的快捷键不被自动创建，因此，需要生成快捷键图标时，其操作步骤如下：

① 单击开始菜单；

② 依次选择"所有程序"→"NAiS Control"→"FPWIN GR 2"→"FPWIN GR"选项。

③ 在选中 FPWIN GR 的情况下右击，在弹出的快捷菜单中选择"发送到"→"桌面快捷方式"选项，即可在桌面建立名称为"FPWIN GR"的快捷键。

3．编程软件的启动和退出

编程软件启动的常用方法有三种：

（1）由 FPWIN GR 程序组的图标启动，双击相应的图标。

（2）由已创建的快捷图标启动，双击相应的图标。

（3）由 Windows 的开始菜单启动。先单击［开始］按钮，或［Ctrl+Esc］组合键，打开 Windows 开始菜单，依次选中"所有程序"→"NAiS Control"→"FPWIN GR 2"→"FPWIN GR"选项。在选中 FPWIN GR 的情况下单击，即可启动编程软件。

4．编程软件的基本操作

编程软件的使用，以符号梯形图编辑模式下使用为主，因此这里主要介绍在符号梯形图编辑模式下的指令输入方法。

（1）FPWIN 通信是指 PLC 与上位机之间的通信方式和参数的设置，本实验设备采用 RS232/RS422 适配器将 PLC 与计算机连接。参数设置如图 1-13 所示。

（2）初次进行编程时，要进行机型的选择。启动 FPWIN GR，将弹出"选择 PLC 机型"对话框，由于我们使用的是松下 FP0C16 系列 PLC，所以选择机型时，选择如图 1-14 所示的第一行。

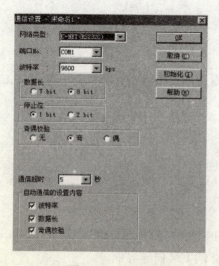

图 1-13　通信设置

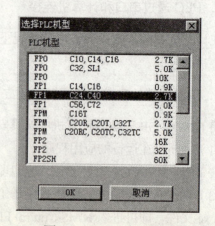

图 1-14　PLC 机型选择

（3）FPWIN GR 的界面，如图 1-15 所示。

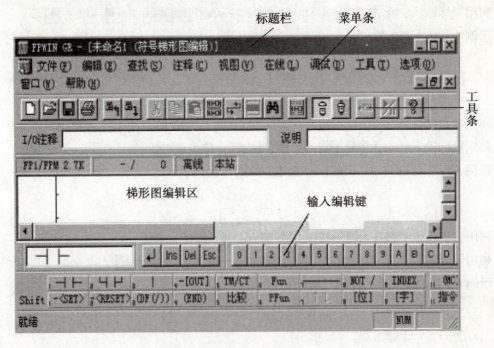

图 1-15　FPWIN GR 界面

（4）基本操作方法。

① 将光标移动到需要绘制梯形图符号的位置（光标可以用键盘中的光标键或单击鼠标移动）。

② 指令的输入说明举例。

示例 1　输入 ST X0，AND X0。

利用键盘输入：按[F1]键→按[F1]→按[0]键→按[Enter]键。

利用鼠标输入：单击 ┤├ →单击 X →单击 0 →单击 ↵

示例 2　输入 OR X0。

利用键盘输入：按[F2]键→按[F1]键→按[0]键→按[Enter]键。

利用鼠标输入：单击 ⊣⊢ →单击 X →单击 0 →单击 ↵

示例 3　输入 ST/X0，AND/X0。

利用键盘输入：按[F1]键→按[F8]键→按[F1]键→按[0]键→按[Enter]键。
利用鼠标输入：单击 ┤├ →单击 NOT/ →单击 X →单击 0 →单击 ↵
示例4 输入 OR/X0。

```
 ┤├
 X0
```

利用键盘输入：按[F2]键→按[F8]键→按[F1]键→按[0]键→按[Enter]键。
利用鼠标输入：单击 ┤├ →单击 NOT/ →单击 X →单击 0 →单击 ↵
示例5 输入 OUT Y0（SET、RESET 的操作相同）。

```
 ┤ Y0 ├
```

利用键盘输入：按[F4]键→按[F2]键→按[0]键→按[Enter]键。
利用鼠标输入：单击 -[OUT] →单击 Y →单击 0 →单击 ↵
示例6 输入定时器指令（TMX 0, K 10）。

```
┌TMX   0,  K   10┐
```

利用键盘输入：按[F5]键→按[F1]键→按[0]键→按[Enter]键→按[Shift]+[F3]键→按[1]，[0]键→按[Enter]键。
利用鼠标输入：
单击 TM/CT →单击 -[TMX] →单击 0 →单击 ↵ →单击 K →单击 1 0 →单击 ↵
示例7 输入计数器指令（CT 200, K 10）。

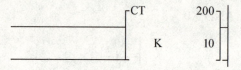

利用键盘输入：按[F5]键→按[F6]键→按[2]，[0]，[0]键→按[Enter]键→按[Shift]+[F3]键→按[1]，[0]键→按[Enter]键。
利用鼠标输入：
单击 TM/CT →单击 -[CT]- →单击 2 0 0 →单击 ↵ →单击 K →单击 1 0 →单击 ↵
示例8 输入高级（F0 MV, DT0, DT1）。

```
 ┤[F0  MV , DT 0 , DT 1]├
```

利用键盘输入：按[F6]键→按[0]键→按[Enter]键→按[F5]键→按[0]键→按[Enter]键→按[F5]键→按[1]键→按[Enter]键。
利用鼠标输入：
单击 Fun →单击 0 →单击 ↵ →单击 DT →单击 0 →单击 ↵ →单击 DT →单

击 ┤├→单击 ↵

示例9 输入连线（横线/竖线）。

（1）输入横线（输入后，光标向右移动）

利用键盘输入：按[F7]键。

利用鼠标输入：单击 ▬▬

（2）删除横线

利用键盘输入：按[Delete]键。

利用鼠标输入：单击 Del

（3）输入竖线（输入后，光标不移动）

利用键盘输入：按[F3]键。

利用鼠标输入：单击 │

（4）删除竖线（输入后，光标不移动）

利用键盘输入：将光标移动到显示竖线的右侧，按[F3]键。

利用鼠标输入：将光标移动到显示竖线的右侧，单击 │

示例10 输入比较指令。

(1) 16bit 数据比较

利用键盘输入：按[Shift]+[F5]键→按[F6]，[F7]键→按[Enter]键→按[F5]键→按[0]键→按[Enter]键→按[F5]键→按[1]键→按[Enter]键。

利用鼠标输入：

单击 比较 →单击 D →＞→单击 = →单击 ↵ →单击 DT →单击 0 →单击 ↵ →单击 1 → ↵

(2) 32bit 数据比较

利用键盘输入：按[Shift]+[F5]键→按[F1]，[F6]，[F7]键→按[Enter]键→按[F5]键→按[0]键→按[Enter]键→按[F5]键→按[2]键→按[Enter]键。

利用鼠标输入：

单击 比较 →单击 D → ＞ = →单击 ↵ →单击 DT →单击 0 →单击

↵→单击 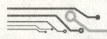→单击 2 →单击 ↵

示例 11 输入功能键栏显示以外的指令（如 CALL 0）。

利用键盘输入：按[Shift]+[F11]键或按[Shift]+[F12]键→显示"功能键栏指令输入"对话框，如图 1-16 所示（选中"功能键分配"后，所选择的指令被登录到[F11]或[F12]）→利用下箭头键查找 CALL（或者按起始字母[C]）→当光标位于 CALL 时按[Enter]键→（关闭"功能键栏指令输入"对话框，所选择的指令显示在输入区段栏中）输入 0 以后，按[Enter]键。

利用鼠标输入：单击 →显示"功能键栏指令输入"对话框（选中"功能键分配"后，所选择的指令被登录到[F11]或[F12]）→利用滚动栏查找 CALL→单击[OK]→（关闭"功能键栏指令输入"对话框，所选择的指令显示在输入区段栏中→单击 0 →单击 ↵ 。

图 1-16 "功能键栏指令输入"对话框

（5）使用编程软件编辑交通灯控制系统的梯形图指令并写入 PLC 中。

```
 0─┤X0├─┤/T3├─┬─┤TMX  0,K  60├─┬─┤TMX  1,K  20├──→1
              ├─┤TMX  2,K  60├─┤                ├─┤TMX  3,K  40├
 1→
14─┤X0├─┬─┤T0├──────────────────────────────────────(R100)
        └─────────────────────┤TMX  4,K  40├
20─┤R100├─┤/T4├─────────────────────────────────────(R100)
23─┤R100├─┤/T4├─┤R901C├─────────────────────────────(R111)
27─┤R110├──────────────────────────────────────────(Y2)
   ├─┤R111├
30─┤T0├─┤/T1├──────────────────────────────────────(Y1)
33─┤Y0├─┬─┤/T2├────────────────────────────────────(R105)
        └──────────────────────┤TMX  5,K  40├
39─┤R105├─┤/T5├─────────────────────────────────────(R120)
42─┤R105├─┤/T5├─┤R901C├─────────────────────────────(R121)
46─┤R120├──────────────────────────────────────────(Y5)
   ├─┤R121├
49─┤T2├─┤/T3├──────────────────────────────────────(Y4)
52─┤T1├─┤Y1├─┤/X0├─────────────────────────────────(Y0)
56─┤T1├─┤Y4├─┤/X0├─────────────────────────────────(Y3)
60─────────────────────────────────────────────────(ED)
```

（6）使用编程软件编辑交通灯控制系统的指令表令并写入 PLC 中。

0	ST	X	0	41	OT	R	120
1	AN/	T	3	42	ST	R	105
2	TMX		0	43	AN	T	5
	K		60	44	AN		901C
5	TMX		1	45	OT	R	121
	K		20	46	ST	R	120
8	TMX		2	47	OR	R	121
	K		60	48	OT	Y	5
11	TMX		3	49	ST	T	2
	K		40	50	AN/	T	3
14	ST	X	0	51	OT	Y	4
15	AN/	T	0	52	ST	T	1
16	OT	R	100	53	AN/	Y	1
17	TMX		4	54	AN	X	0
	K		40	55	OT	Y	0
20	ST	R	100	56	ST/	T	0
21	AN/	T	4	57	AN/	Y	4
22	OT	R	110	58	AN	X	0
23	ST	R	100	59	OT	Y	3
24	AN	T	4	60	ED		
25	AN	R	901C				
26	OT	R	111				
27	ST	R	110				
28	OR	R	111				
29	OT	Y	2				
30	ST	T	0				
31	AN/	T	1				
32	OT	Y	1				
33	ST	Y	0				
34	AN/	T	2				
35	OT	R	105				
36	TMX		5				
	K		40				
39	ST	R	105				
40	AN/	T	5				

（7）保存程序。在 FPWIN GR 中是将程序、PLC 系统寄存器、注释等内容的数据作为一个文件进行保存的。当需要对已经存在的文件进行覆盖保存时，请选择"保存"选项，而需要初次保存一个新建的程序或需要将文件重新命名保存时，请选择"另存为"选项。

四、问题探究

1. 编程软件的主要功能

FPWIN 编程软件是松下电工株式会社最新推出的可在 Windows 环境下运行的可编程编程软件，该软件兼容了 DOS 版本的编程软件。FPWIN 编程软件为用户提供了程序录入、编辑和监控手段，是功能十分强大的 PLC 上位机编程软件，可直接与可编程序控制器通信。FPWIN 编程软件的程序编辑是主要功能，具有三种编辑模式。

（1）符号梯形图：通过输入梯形图符号编写程序，程序以梯形图的形式表示。绘制符号以后，必须进行 PG 转换（程序转换）。可以通过菜单栏，利用"视图"→"符号梯形图编辑"显示。

（2）布尔梯形图：通过输入布尔形式（助记符）的指令代码和操作数编写程序。在画面中程序以梯形图的形式表示。可以通过菜单栏，利用"视图"→"布尔梯形图编辑"显示。

（3）布尔非梯形图：通过输入布尔形式（助记符）的指令代码和操作数编写程序。在画面中程序以布尔形式（助记符）显示。可以通过菜单栏，利用"视图"→"布尔非梯形图编辑"显示。

关于上述三种编辑模式，只要改变其中任一种模式下的程序，其他编辑模式下的程序也全部自动修改。符号梯形图编辑模式中的程序被修改后，其他编辑模式下的程序在进行 PG 转换（程序转换）之后被变更。编辑模式可以通过"视图"菜单切换。

五、知识拓展

打印程序，打印输出示意图如图 1-17 所示。

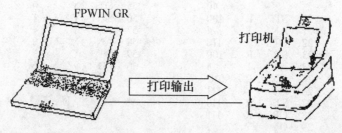

图 1-17 打印输出

1. 打印输出的操作步骤

（1）选择"打印"选项打印时利用菜单操作，选择"文件（F）"→"打印（P）"选项，如图 1-18 所示。

除菜单操作外，还可以通过快捷键和工具栏操作。

（2）显示打印对话框。选择"打印（P）"选项之后，画面中会出现如图 1-19 所示的"打印"对话框。请确认所使用的打印机，设置打印范围、打印份数等内容，然后单击"确定"按钮。

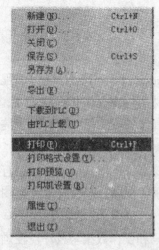

图 1-18 选择"打印"选项

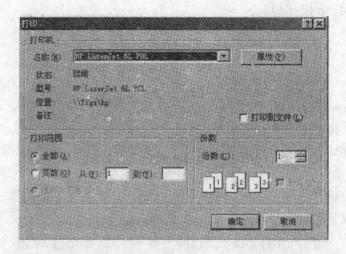

图 1-19 显示"打印"对话框

2. 打印格式设置

在初始设置中，打印内容设置为梯形图程序部分，可根据需要，利用"打印格式设置"选项选择所要求的项目。

打印格式设置的操作步骤如下：

（1）选择"打印格式设置"选项。设置打印格式时，请利用菜单操作选择"文件（F）"→"打印格式设置（Y）"选项，如图1-20所示。

（2）显示"打印格式设置"对话框。选择"打印格式设置（Y）"选项后，画面中会出现如图1-21所示的对话框，请选中要求打印的项目。

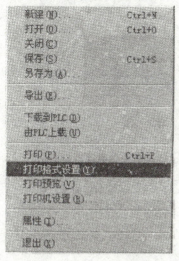

图1-20 选择"打印格式设置"选项

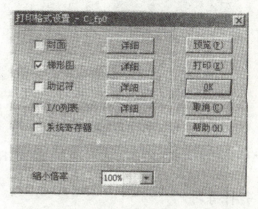

图1-21 "打印格式设置"对话框

（3）带注释打印。需要带注释打印时，请按"梯形图"的"详细"按钮，然后勾选"块注释"复选框，如图1-22所示。

（4）功能解释。当也需要打印封面的标题、程序作者等项目时，请利用菜单选择"文件（F）"→"属性（I）"选项，打开"文件属性"对话框，然后输入"标题""作者"等项，如图1-23所示。

图1-22 带注释打印

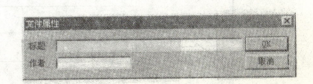

图1-23 "文件属性"对话框

（5）打印预览。在"文件（F）"菜单中选择"打印预览（V）"选项，或者单击打印格式设置对话框中的"打印预览（P）"后，确认打印格式，如图1-24所示。

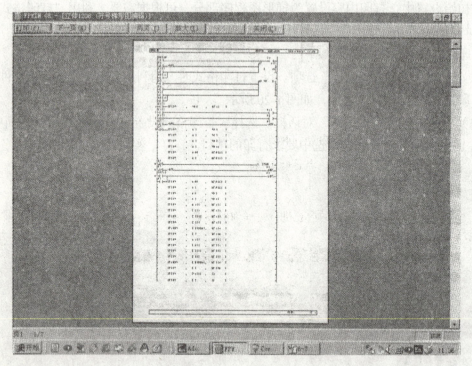

图1-24　打印预览画面

六、操作练习

使用编程软件输入下图所示的梯形图，并切换编辑模式，显示指令表。

七、教学评价

根据相对应的教学大纲要求，实施操作练习考核。考核项目要按照教学大纲要求的评分标准进行。

模块 3　PLC 构成的交通灯控制系统的监控、调试和运行

一、教学目标

终极目标：

能独立完成 PLC 构成的交通灯控制系统的控制、监控运行和调试。

促成目标：

1. 能够根据需要设置 PLC 的系统寄存器；
2. 能够控制 PLC 处于编程或运行状态；
3. 能独立完成 PLC 控制系统的构成的监控运行和调试。

二、工作任务

1. 更改定时器和计数器的个数；
2. 控制 PLC 的工作状态；
3. 对 PLC 构成的交通灯控制系统进行监控和调试。

三、实践操作

1. 设置 PLC 系统寄存器更改定时器和计数器的个数

选择"选项"→"PLC 系统寄存器设置"选项，打开如图 1-25 所示的设置对话框，在 No.5 系统寄存器中可以设置计数器的起始地址，从而更改定时器和计数器的个数。

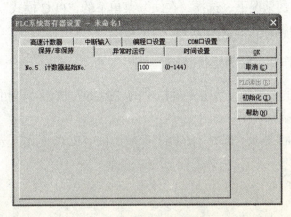

图 1-25　"PLC 系统寄存器设置"对话框

2. 运行 PLC 构成的交通灯控制系统

用户程序下载到 PLC 中后，可将 PLC 的方式选择开关由"PROG"方式转换到"RUN"方式，即可控制 PLC 构成的交通灯控制系统运行。

3. 将 PLC 由运行状态转为编程状态

（1）在 PLC 运行的情况下，单击工具栏中的"RUN"按钮，即可转为编程状态，如图 1-26 所示。

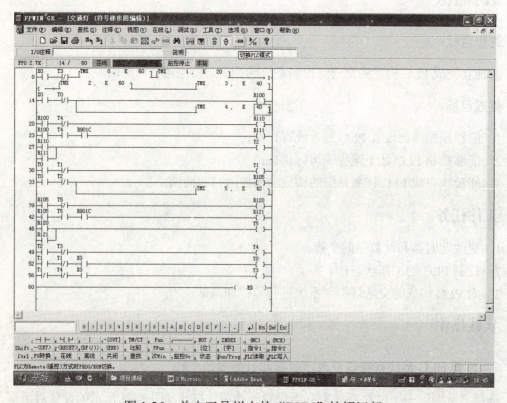

图 1-26　单击工具栏中的"RUN"按钮运行

（2）在 PLC 运行的情况下，选择"在线"菜单下的"PLC 模式"选项，使该选项前的"√"去掉，也可转为编程状态，如图 1-27 所示。

4. 将 PLC 的工作状态转为运行状态

（1）在 PLC 编程状态下，单击工具栏中的"RUN"按钮，即可由工作状态转为运行状态。

（2）在 PLC 编程状态下，选择"在线"菜单下的"PLC 模式"选项，也可由工作状态转为运行状态。

项目一　PLC应用基础

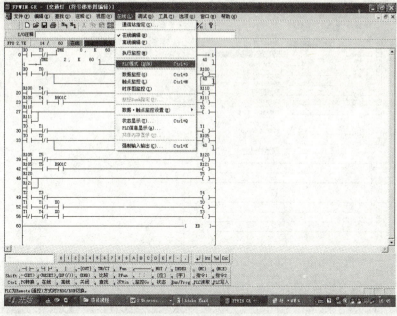

图 1-27　运行状态转为编程状态

5. 监控的开始和停止操作

（1）在 PLC 运行的情况下，单击工具栏中的"启动/停止监控"按钮，即可开始或停止监控，如图 1-28 所示。

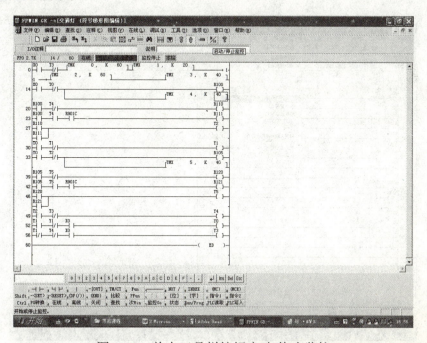

图 1-28　单击工具栏按钮启动/停止监控

（2）在 PLC 运行的情况下，选择"在线"菜单下的"执行监控"选项，也可开始或停止监控，如图 1-29 所示。

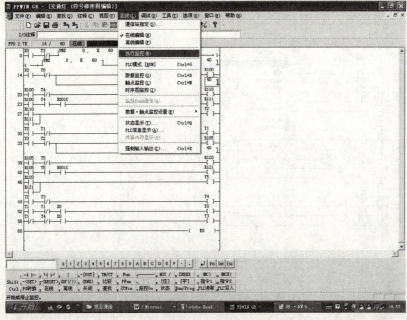

图 1-29　使用菜单启动/停止监控

6. 数据监控和调试操作

（1）选择数据监控。选择菜单栏中的"在线（L）"→"数据监控（G）"选项，如图 1-30 所示。

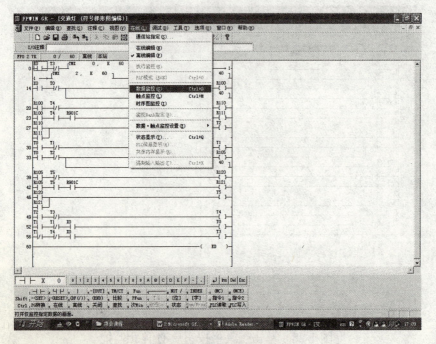

图 1-30　选择数据监控

（2）显示数据监控窗口。选择"数据监控（G）"选项后，将显示如图 1-31 所示的窗口。

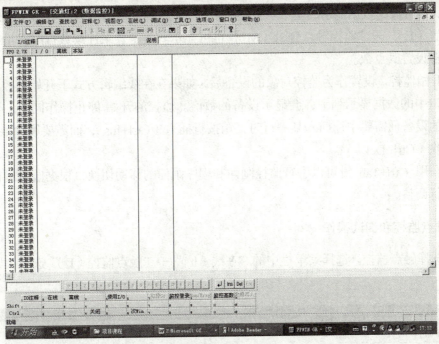

图 1-31 选择数据监控后的界面

（3）登录进行监控的设备。在数据监控窗口中行序号显示列或登录设备显示列处按 [Enter]键或双击鼠标，则显示如图 1-32 所示的"监控设备"对话框。

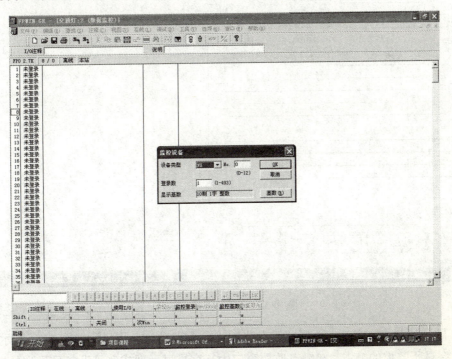

图 1-32 "监控设备"对话框

请设置作为监控对象的设备类型、No.及登录数，然后单击"OK"按钮。如果单击"基

31

数"按钮,则可设置数据显示的基数。上述对话框,利用菜单操作选项"在线(G)"→"数据触点设置(E)"→"监控触点登录(M)"也可显示。集中登录连续数据时,请在"登录数"文本框设置其点数。

(4)开始监控。设置作为监控对象的设备后,如果在在线编辑方式下开始监控,则在数据监控窗口中的数据显示列中,会显示设备的数值。监控的开始/停止操作同前。当为了添加所监控的设备而需要中途插入某一行时,请按行插入(Ctrl+Ins);而需要删除某一行时,请按行删除(Ctrl+Del)。

(5)利用 Ctrl+Tab 键可以进行监控画面和程序画面的移动切换,根据监控运行的结果对程序进行调整。

7. 触点监控和调试操作

(1)选择触点监控。选择菜单栏中的"在线(L)"→"触点监控(L)"选项,如图 1-33 所示。

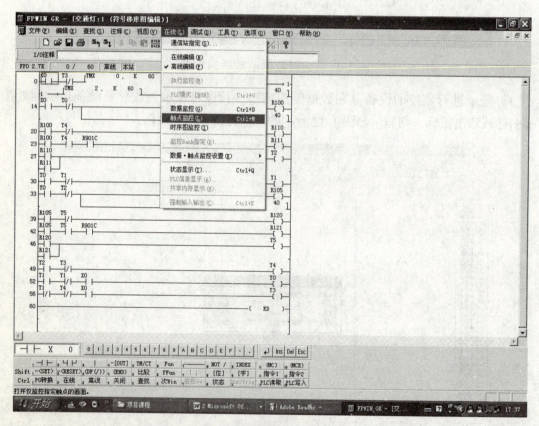

图 1-33 触点监控选择

(2)显示触点监控窗口。选择"触点监控(L)"选项后,将显示如图 1-34 所示窗口。

(3)登录所监控的触点。在触点监控窗口中行序号显示列或登录设备显示列处按[Enter]键或双击鼠标,则显示如图 1-35 所示的"监控设备"对话框。

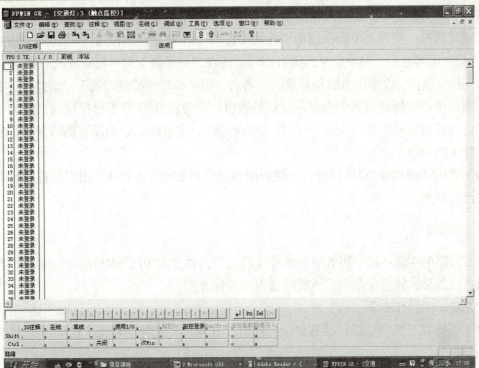

图 1-34　选择触点监控后的界面

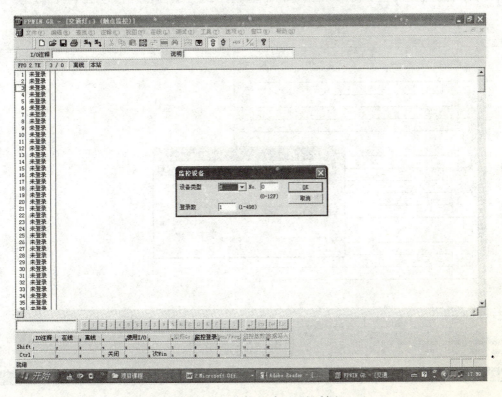

图 1-35　"监控设备"对话框

请设置作为监控对象的触点类型、No.及登录数,然后单击"OK"按钮。

上述对话框,利用菜单操作选项"在线(L)"→"数据触点设置(E)"→"监控触点登录(M)"也可显示。集中登录连续数据时,请在"登录数"文本框设置其点数。

(4)开始监控。设置作为监控对象的设备后,如果在在线编辑方式下开始监控,则在数据监控窗口中的数据显示列中会显示设备的数值。监控的开始/停止操作同前。当为了添加所监控的设备而需要中途插入某一行时,请按行插入(Ctrl+Ins);而需要删除某一行时,请按行删除(Ctrl+Del)。

(5)利用 Ctrl+Tab 键可以进行监控画面和程序画面的移动切换,根据监控运行的结果对程序进行调整。

8. 状态显示

显示程序的生成环境。当处于在线连接状态时,也显示 PLC 本身的运行状态。当发生错误时,可以显示该错误的内容或清除错误的操作方法。

状态显示的操作步骤:

(1)选择状态显示。进行状态显示操作时,在菜单栏选择"在线(L)"→"状态显示(T)"选项。

(2)显示状态显示对话框。选择状态显示(T)后,画面中出现如图 1-36 所示的对话框。

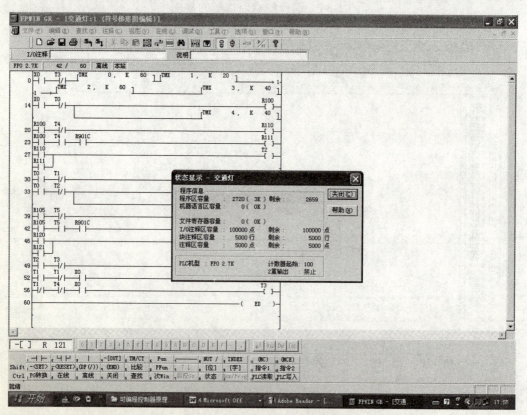

图 1-36 "状态显示"对话框

四、问题探究

1. FP0 系列 PLC 的内部寄存器

项 目		编 号 方 式			功 能
		FP0-C10/C14/C16 FP-e	FP0-C32	FP0-T32C	
继电器	外部输入继电器（X）	208 点（X0～X12F）			根据外部输入通断
	外部输出继电器（Y）	208 点（Y0～Y12F）			外部输出通断
	内部继电器（R）（*注释 2）	1008 点（R0～R62F）			只在程序内部通断的继电器
	定时器（T）（*注释 2）	144 点（T0～T99/C100～C143）（*注释 1）			如果 TM 指令定时到时，则相同编号的触点接通
	计数器（C）（*注释 2）				如果 CT 指令计数到，则相同编号的触点接通
	特殊内部继电器（R）	64 点（R9000～R903F）			为根据规格条件通断的继电器，并用于标志
存储区	外部输入继电器（WX）	13 字（WX0～WX12）			以 1 个字（16 位）的数据指定 16 个外部输入点
	外部输出继电器（WY）	13 字（WY0～WY12）			以 1 个字（16 位）的数据指定 16 个外部输出点
	内部继电器（WR）（*注释 2）	63 字（WR0～WR62）			以 1 个字（16 位）的数据指定 16 个内部继电器点
	数据寄存器（DT）（*注释 2）	1660 字（DT0～DT1659）	6144 字（DT0～DT6143）	16384 字（DT0～DT16383）	被用于程序的数据存储区，数据被处理为 16 位（1 个字）
	定时器/计数器设定值区（SV）（*注释 2）	144 字（SV0～SV143）			用于存储定时器的设定值以及计数器的缺省值。以定时器/计数器数字进行存储
	定时器/计数器经过值区（EV）（*注释 2）	144 字（EV0～EV143）			用于存储通过定时器/计数器操作的经过值。以定时器/计数器数字进行存储
	特殊数据寄存器（DT）	112 字（DT9000～DT9111）		112 字（DT90000～DT90111）	用于存储特殊数据的数据存储区。不同的设置和错误代码将被存储

续表

项　目		编号方式			功　能
		FP0-C10/C14/C16 FP-e	FP0-C32	FP0-T32C	
存储区	索引寄存器（I）	2字（IX, IY）			寄存器可被用作存储区地址和常数的修改器
常数	十进制常数（K）	K-32768～K32767（16bit 操作数）			
		K-2147483648～K2147483647（32bit 操作数）			
	十六进制常数（H）	H0～HFFFF（16bit 操作数）			
		H0～HFFFFFFFF（32bit 操作数）			

说明：

（1）定时器和计数器的点数可以通过设定系统存储器 5 来改变。表中所给数字为系统寄存器 5 处于缺省设定时的数值。

（2）有两种数据类型，一种是保持型，即保存在关断电源之前或从运行模式切换为编程模式之前存在的状态。另一种是非保持型，即将该状态复位。对于 FP0-C10/C14/C16/C32 保持型区与非保持型区是固定的，其地址分配如下表。

定　时　器		非保持型：所有点	
计数器	非保持型	从设定值到C139	从设定值到C127
	保持型	4 点（经过值） （C140～C143）	16 点（经过值） （C128～C143）
内部继电器	非保持型	976 点 （R0～R60F） 61 字 （WR0～WR60）	880 点 （R0～R54F） 55 字 （WR0～WR54）
	保持型	32 点（R610～R62F） 2 字（WR61～WR62）	128 点（R550～R62F） 8 字（WR55～WR62）
数据寄存器	非保持型	1652 字 （DT0～DT1651）	6112 字 （DT0～DT6111）
	保持型	8 字 （DT1652～DT1659）	32 字 （DT6112～DT6143）

对于 FP0-T32C，保存型和非保存型的选择可通过设定系统寄存器来改变。

（3）外部输入继电器（X）的功能。此继电器由外部器件，如限位开关或光电传感器等向可编程控制器输送信号。

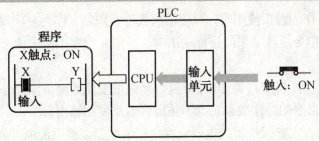

使用的限制条件：实际不存在的输入的地址无法使用。外部输入继电器的 ON 或 OFF 的状态，不能利用可编程控制器中的程序进行修改。对于一个外部输入继电器，在程序中的使用次数没有限制。

（4）外部输出继电器（Y）的功能。可以通过此继电器输出可编程控制器中程序的执行结果，启动一外部设备（负载），如电磁阀、控制面板或智能单元。外部输出继电器的 ON 或 OFF 状态作为控制信号输出。

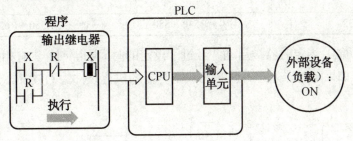

使用的限定条件：

① 不存在实际分配的外部输出继电器可以作为内部继电器使用，但是不能被设为保持型数据。

② 作为触点使用时，对使用次数没有限制。作为一项规定，当输出继电器被指定为 OT 或 KP 指令运算结果的目标输出时，一般在程序中限定使用一次（禁止双重输出）。

注释：通过改变系统寄存器 20 的设置，可允许重复使用输出。此外，即使同一继电器用于如 SET 及 RST 指令的操作数，它也不被定为多重使用输出。

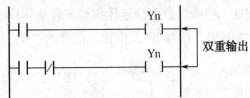

（5）内部继电器（R）的功能。内部继电器仅用于程序内部运算，ON 或 OFF 状态不会产生外部输出。当内部继电器的线圈受到激励时，其触点即接通。

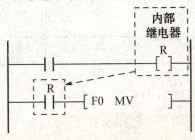

使用限制条件：作为触点使用时，对使用次数没有限制。作为一项规定，当输出继电器被指定为 OT 或 KP 指令运算结果的目标输出时，一般在程序中限定使用一次（禁止双重输出）。

注释：可通过改变系统寄存器 20 的设置，允许重复使用输出。此外，即使同一继电器用于如 SET 及 RST 指令的操作数，它也不被定为多重使用输出。

内部继电器有两类：非保持型继电器和保持型继电器。当电源断开或由 RUN 模式切换为 PROG 模式时，保持型继电器会保持其 ON 或 OFF 状态，并且当系统重新启动时恢复运行，非保持型继电器被复位。对于 FP0 C10/C14/C16/C32，非保持型和保持型继电器编号如下表。

项 目	非 保 持 型	保 持 型
FP0 C10/C14/C16 FP-e	R0～R60F（976 点）	R610～R62F（32 点）
FP0 C32	R0～R54F（880 点）	R550～R62F（128 点）

（6）定时器功能。当定时器被启动并经过了设定的时间间隔时，具有相同编号的定时器触点会变为 ON。如果定时器处于计时状态或定时器的执行条件为 OFF 时，定时器的触点变为 OFF。

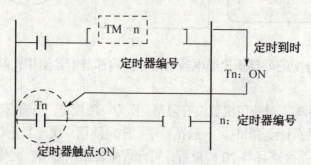

使用限定条件：当用作触点时，对使用次数无限定。

（7）计数器（C）的功能。当减计数型预置计数器被启动并且经过值到零时，与计数器编号相同的计数器触点接通。如果计数器的复位输入信号为 ON，则计数器触点变为 OFF。

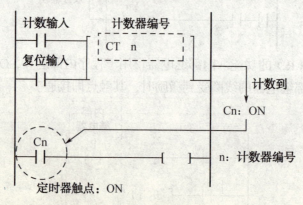

使用限定条件：当用作触点时，对使用次数无限定。

（8）定时器和计数器的分区。定时器和计数器共用同一区域，可改变该区域的分区，以获得所需的定时器或计数器数量。可以通过设定系统寄存器5划分该区。如果计数器的初始编号被指定，则该点以前的为定时器，该点以后的为计数器。如果系统寄存器5与系统寄存器6的设置值相同，则定时器全部为非保持型，而计数器全部为保持型。通常两个系统寄存器被设置为相同数值。

保持型与非保持型的分区：当切断PLC的电源或从RUN模式切换到PROG模式时，定时器触点、计数器触点、设定值、经过值等可以保持，并且根据这些被保持内容进行后续操作。对于FP0 C10/C14/C16/C32和不带日历/时钟功能的FP-e，切断电源后能够保持的区域是固定的，如下表所示。系统寄存器6~8及14的内容不能进行设置。

定时器	非保持型：全部点	
计数器	非保持型	C10、C14、C16，FP-e：从设置值到C139 C32：从设置值到C127
	保持型	C10、C14、C16，FP-e：C140~C143 C32：C128~C143

对FP0 T32C，系统寄存器6可用于指定作为保持型或非保持型。如果用一个数字指定了保持型定时器/计数器触点和设定值/经过值的起始点，那么，在该点之前的数据将为非保持型，而之后的数据将为保持型。如果系统寄存器5与6设定相同的值，则定时器为非保持型而计数器为保持型。一般来说，两个系统寄存器应设定相同的值。

（9）数据寄存器（DT）的功能。数据寄存器是以字（16位）为单元进行处理的存储器，并且用于存放由16位组成的数字数据。

数据位	15··12	11··8	7··4	3··0
DTn	0 0 0 1	1 0 1 0	0 1 0 1	1 0 0 0

将数值填写入DTn的程序的示例：

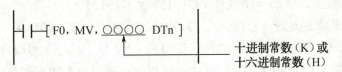

当在数据寄存器中处理32位（双字）数据时，将两个数据寄存器作为一组使用。用于低16位的数据寄存器被指定。

DTn+1	DTn
0 0 0 1 1 0 1 0 0 1 0 1 0 0 1 0	0 0 0 1 1 0 1 0 0 1 0 1 1 0 0 0
高16位数据	低16位数据

有保持型和非保持型两种类型的数据寄存器，当电源关闭或由RUN（运行）模式切换到PROG（编程）模式时，它们处理数据的方式不同。保持型数据寄存器在运行停止时保持其内容，并且在运行重新开始时内容依然有效。非保持型数据寄存器在运行停止时复位。

对于 FP0 C10/C14/C16/C32，非保持型与保持型数据寄存器的数量如下表。

项	目	FP0 C10/C14/C16，FP-e	C32
数据寄存器	非保持型	1652 字（DT0～DT1651）	6112 字（DT0～DT16111）
	保持型	8 字（DT1652～DT1659）	32 字（DT6112～DT6143）

对于 FP0 T32C，系统寄存器 6 可用于指定作为保持型或非保持型。如果用一个数字指定了保持型定时器/计数器触点和设定值/经过值的起始点，那么，在该点之前的数据将为非保持型，而之后的数据将为保持型。

（10）特殊数据寄存器的功能。这些数据寄存器有着特殊的用途，大多数特殊寄存器都无法使用如 F0（MV）等指令将数据写入。FP0 T32CT、FP0 C10/C14/C16/C32 的特殊数据寄存器的编号及数量都有差别，但是最后 3 位数字相同。如果以 FP0C10/C14/C16/C32 为例，编号的最低 3 位是相同的。在使用 FP0 T32CT 时，这些编号被读取为 5 位的编号。

示例

FP-M、FP1、FP0 C10/C14/C16/C32、FP3、FP-C、FP-e: DT9055
FP0 T32CT、FPΣ、FP2、FP2SH、FP10SH: DT90055

最后3位数字相同

特殊数据寄存器的主要功能：

① 设置运行环境和表示运行状态。

② 存储由系统寄存器指定的可编程控制器的运行和各种指令的状态。

③ 链接通信状态（DT9140 至 DT9245/DT90140 至 DT90254）。

④ 高速计数器控制标志（DT9052/DT90052）等。

⑤ 发生错误的单元和其他信息被存储起来。

a．自诊断误码（DT9000/DT90000）；

b．出现错误的单元的插槽编号（DT9002，DT9003 等）；

c．远程输入/输出错误的从站数目（DT9131 至 DT9135）；

d．发生运算错误的地址（DT9017，DT9018/DT90017，DT90018）。

（11）WX、WY、WR 和 WL 的功能。继电器（X、Y、R、L）可组合为 16 点的数据来处理。在这些是单字（16 位）的存储区中，可将继电器组作为数据寄存器进行处理。单字存储区的结构如下。这些数字对应于所列的字。

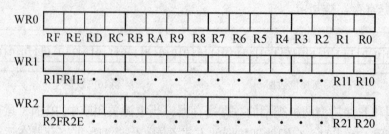

使用 WX、WY、WR 和 WL 的示例：WX 可以用于读取数码开关或键盘输入，而 WY 可以输出到 7 段码显示器，WR 也可用作移位寄存器。所有这些继电器均可以作为 16 位的

字数据进行监控。

使用注意事项：如果构成存储区的其中一个继电器的 ON 或 OFF 的状态发生变化，则存储区值也会改变。

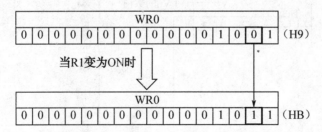

① 设定值区（SV）的功能。定时器或计数器的设定值存储在与定时器或计数器编号相同的设定值区。

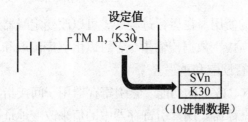

当在程序中输入 TM 或 CT 指令时，便有一个十进制数或 SV 区的编号被指定设定值。SV 是一个字的 16 位存储区，它存储了一个由 K0～K32767 的十进制数。

② 设定值区（SV）的使用。在运行模式下，可以通过改写设定值区中的数值而修改定时器或计数器的设定值，可以由程序利用 F0（MV）数据传输指令读取或修改的数值，也可以利用编程工具读取或重写设定值区，如下表。

定时器编号	设计值区（SV）	经过值区（EV）
T0	SV0	EV0
T1	SV1	EV1
⋮	⋮	⋮
T99	SV99	EV99
C100	SV100	EV100
⋮	⋮	⋮

注释：定时器/计数器由系统寄存器 5 设置区分。以上表格是设定值为 100 时的示例。

③ 经过值区（EV）的功能。在定时器或计数器运算操作的过程中，经过值被存放在与定时器或计数器具有相同编号的经过值区。当经过值达到 0 时，与定时器或计数器具有相同编号的触点变为 ON。EV 是一个单字 16 位数据，可以存放从 K0 至 K32767 的十进制数。

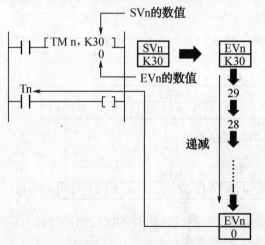

当递减操作结束时Tn变时ON

④ 经过值区（EV）的使用。在运行过程中，可以改变定时器或计数器的经过值，以延长或缩短运行。通过 F0（MV）数据传输指令，可以由程序读取和修改经过值区的值。使用编程工具可对经过值区进行读取和重写。

（12）索引寄存器（IX、IY）的功能。索引寄存器用于间接指定常数和存储区地址。可使用 IX 和 IY 两个 16 位寄存器。用索引寄存器中的值来改变地址和常数，称为"变址"。

① 地址变址。地址=基地址+IX 或 IY 中的值（K 常数）

示例　改变 DT11。

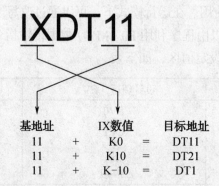

② 修改常数。常数=基数据+IX 或 IY 中的值

示例 1　修改 K100。

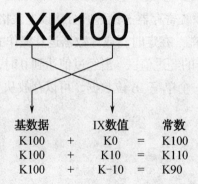

示例 2 修改 H10。

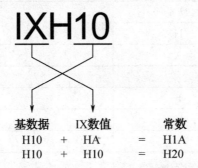

③ 使用索引寄存器时的注意事项。索引寄存器不能用索引寄存器来进行变址。如 IXIX、IYIY，如果变址的结果超出存储区，就会产生运算错误。当修改后的地址为负数或较大的数值时，修改 32 位常数时，IX 被指定。此时，IX 和 IY 被组合在一起，作为 32 位数据处理。

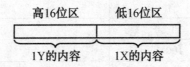

修改的结果将为 32 位数据。

对于 FP3，如果在 PROG（编程）模式下初始化（Initialize）/测试（Test）开关置于上端（初始化端），IX 和 IY 被清零。

④ 特别注意事项。对于外部输入继电器（X）、外部输出继电器（Y）和内部继电器（R），当对继电器编号进行索引变址时，应注意继电器编号的最后一位为十六进制，而前几位为十进制。

示例 1 外部输入继电器（X）。

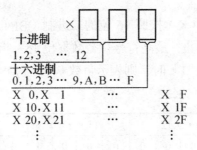

示例 2 使用 I0X0。

10 数值		目标地址
K	H	
0	0	X0
1	1	X1
⋮	⋮	⋮
9	9	X9

续表

10数值		目标地址
K	H	
10	A	XA
⋮	⋮	⋮
15	F	XF
16	10	X10
⋮	⋮	⋮
31	1F	X1F
⋮	⋮	⋮
159	9F	X9F
160	A0	X100
161	A1	X101
⋮	⋮	⋮
255	FF	X15F
256	100	X160
257	101	X161
⋮	⋮	⋮
265	10A	X169
267	10B	X16A
⋮	⋮	⋮

（13）十进制常数（K）的功能。将二进制数转换为十进制格式的数据。读取或输入十进制常数时，首先输入 K 进行指定。十进制常数通常用于指定数据的大小、数量等，如定时器的设定值。

在 PLC 中，十进制常数（K）按照 16 位的二进制（BIN）数据进行处理。数据的符号是由 MSB（Most Significant Bit，最高符号位，数据位 15）指定的。该数据位为"0"时，表示正数"+"；该数据位为"1"时，则表示负数"-"。MSB 被称为符号位。

示例 1　十进制数"+32"（K32）。

Bit position	15 · · 12				11 · · 8				7 · · 4				3 · · 0			
Binary data	0	0	0	0	0	0	0	0	0	0	1	0	0	0	0	0

↑ "+"

示例 2　十进制数"-32"（K-32）。

Bit position	15 · · 12				11 · · 8				7 · · 4				3 · · 0			
Binary data	1	1	1	1	1	1	1	1	1	1	1	0	0	0	0	0

↑ "-"

数据通常是以字（16 位）为单位进行处理的，但是也可以组合为双字（32 位）。在这种情况下，MSB 同样作为符号位。

十进制常数的有效范围：

① 16 位数据：K-32768～K32767

② 32 位数据：K-2147483648～K2147483647

（14）十六进制常数（H）的功能。十六进制常数是将二进制数转换为十六进制的数值。当输入或读取十六进制常数时，在输入数据之前首先输入 H 进行指定。十六进制常数通常用于指定 16 位数据中的 1 和 0，如系统寄存器设置和高级指令的控制参数。十六进制常数也用于指定 BCD 码数据。在 PLC 中，十六进制常数（H）按照 16 位的二进制（BIN）数据进行处理。

示例 十六进制数 "2A"（H2A）

Bit position	15··12				11··8				7··4				3··0			
Hexadecimal	0				0				2				A			
Binary data	0	0	0	0	0	0	0	0	0	0	1	0	1	0	1	0

数据通常是以字（16 位）为单位进行处理的，但是也可以组合为双字（32 位）。

十六进制常数的有效范围：

① 16 位数据：H0～HFFFF

② 32 位数据：H0～HFFFFFFFF

16 位数据：

PLC 中可处理的数据（16bit 二进制）	十进制常数		十六进制常数
0111111111111111	K	32767	H7FFF
⋮		⋮	⋮
0000000000000001	K	1	H1
0000000000000000	K	0	H0
1111111111111111	K	-1	HFFFF
⋮		⋮	⋮
1000000000000000	K	-32768	H80000

32 位数据：

PLC 中可处理的数据（32bit 二进制）	十进制常数		十六进制常数
01111111111111111111111111111111	K	2147483647	H7FFFFFFF
⋮		⋮	⋮
00000000000000000000000000000001	K	1	H1
00000000000000000000000000000000	K	0	H0
11111111111111111111111111111111	K	-1	HFFFFFFFF
⋮		⋮	⋮
10000000000000000000000000000001	K	-2147483648	H800000000

2. FP0系列PLC I/O配置与I/O的扩展

如图1-37所示为带三个扩展单元的PLC。

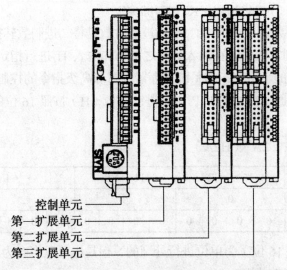

图1-37 带三个扩展单元的PLC

1）I/O编号

（1）规定X和Y编号在FP0上，同一编号可被用于输入和输出。

例如：同一编号"X20"和"Y20"可被用于输入和输出。

（2）输入/输出继电器的编号的表示。由于输入继电器（X）和输出继电器（Y）是以16点为单位处理的，所以，它们按图1-38所示以十进制和十六进制的组合来表示。

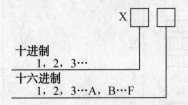

图1-38 输入/输出继电器的表示

I/O地址分配一览表

品　　种		输入编号	输出编号
主控单元	C10RS/C10RM	X0 ~ X5	Y0 ~ Y3
	C14RS/C14RM	X0 ~ X7	Y0 ~ Y5
	C16T/C16P	X0 ~ X7	Y0 ~ Y7
	C32T/C32P	X0 ~ XF	Y0 ~ YF

续表

品　　种		输 入 编 号	输 出 编 号
第一扩展单元	E8R	X20～X23	Y20～Y23
	E16R	X20～X27	Y20～Y27
	E16T		
	E16P		
	E32T	X20～X2F	
	F32P		Y20～Y2F
第二扩展单元	E8R	X40～X43	Y40～Y43
	E16R	X40～X47	Y40～Y47
	E16T		
	E16P		
	E32T	X40～X4F	
	F32P		Y40～Y4F
第三扩展单元	E8R	X60～X63	Y60～Y63
	E16R	X60～X67	Y60～Y67
	E16T		
	E16P		
	E32T	X60～X6F	
	F32P		Y60～Y6F

2）增加扩展单元的步骤（所有单元都相同）

（1）移去单元侧面上的封条，用钳子或类似的工具将打阴影部分剪掉，使内部连接器露出。

（2）将单元顶部和底部的扩展钩用螺丝刀抬起。

（3）将控制单元和扩展单元四个角上的销钉和孔对准，将销钉插入孔内，使单元之间不留空隙。

（4）按下第（2）步抬起的扩展钩将单元紧固。

注意：关于扩展的要点，最多可安装三个扩展单元，可增加任何晶体管和继电器扩展单元组合。

五、知识拓展

PLC 的应用设计步骤

PLC 控制系统是以程序形式体现其控制功能的，大量的工作时间将用在软件设计，也就是程序设计上。对于初学者来说，通常采用继电器系统设计方法的逐渐探索法，以步为核心，一步一步设计，一步一步修改调试，直到完成整个程序的设计。由于 PLC 内部继电器数量大，其特点在内存允许的情况下可以重复使用，具有存储数量大、执行快的特点，故初学者采用此法可缩短设计周期。

PLC 程序设计应遵循以下步骤：

（1）确定被控系统必须完成的动作及完成这些动作的顺序。

（2）分配输入/输出设备，即确定哪些外围设备是送信号到 PLC，哪些外围设备是接收来自 PLC 的信号的，并将 PLC 的输入/输出口对应分配。

（3）设计 PLC 程序画梯形图。梯形图体现了按照正确的顺序所要求的全部功能及其相互的关系。

（4）实现用计算机对 PLC 的梯形图直接编程。

（5）对程序进行调试（模拟和现场）。

（6）保存已完成的程序。

六、操作练习

1. 设置 0~50 是计数器，51~143 是定时器。
2. 运行 PLC 控制的交通灯控制系统。
3. 监控 WX0 和 WY0 中的数据。
4. 监控 X0 和 Y0 触点。

七、教学评价

根据相对应的教学大纲要求，实施操作练习考核。考核项目要按照教学大纲要求的评分标准进行。

基本顺序指令及应用

终极目标：

能够使用基本顺序指令来完成典型的顺序控制系统的设计，为今后进一步学习奠定坚实的基础。

促成目标：

1. 能独立进行电动机正反转控制线路的设计与接线；进行系统调试运行。
2. 能独立进行用 PLC 构成四组抢答器系统的设计与接线；进行系统调试运行。
3. 能独立进行行车控制系统的设计与接线；进行系统调试运行。
4. 能独立进行多种液体自动混合系统的设计与接线；进行系统调试运行。

模块 1　电动机启停、正反转控制

一、教学目标

终极目标：

能使用基本顺序指令编程实现电动机的启停、正反转控制。

促成目标：

1. 能够在分析继电器控制电路图的基础上确定输入量和输出量；
2. 能根据所用 PLC 的具体情况进行 I/O 分配，画 PLC 接线图，并根据接线图接线；
3. 能够把继电器控制电路图转换为梯形图；
4. 能够在掌握基本顺序指令功能的基础上分析梯形图的控制功能；
5. 能够把梯形图转换为指令表。

二、工作任务

1. 电动机启停控制；
2. 电动机正反转控制。

三、实践操作

1. 根据所给继电器控制电路图，进行 I/O 分配，画 PLC 接线图

在生产机械中，往往需要工作机械能够实现可逆运行，如机床工作台的前进和后退，主轴的正转和反转，起重机的提升与下降等。这就要求拖动电动机可以正转和反转。改变电动机的转向只需改变接到异步电动机定子绕组上的电源的引入相序，即将接电源的任意两根线对调一下，就可以使电动机反转。

（1）正反转控制线路电路图如图 2-1 所示。

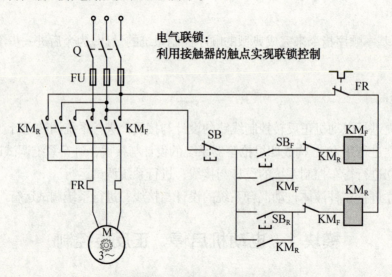

图 2-1　正反转控制线路

（2）确定输入量和输出量，并进行 I/O 分配

输　　入		输　　出	
SB	X0	KM_F	Y0
SB_F	X1	KM_R	Y1
SB_R	X2		

（3）PLC 接线图，如图 2-2 所示。

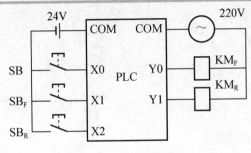

图 2-2 PLC 接线图

2. 主回路接线

按工艺要求进行接线。

3. 按 PLC 接线图进行控制回路接线

按工艺要求进行接线。

4. 根据继电器控制电路图，设计 PLC 控制梯形图

方法步骤：

（1）确定每个输出设备的控制电路。

（2）把每个输出设备的控制电路按梯形图编程的"左重右轻、上重下轻"原则，根据 I/O 分配转换为梯形图。

（3）根据具体功能对梯形图进行适当修改。

将继电器控制电路图转换为梯形图为：

```
      X1    X0    Y1                          Y0
0  ─┤├──┤/├──┤/├─────────────────────────────( )─
     │
     Y0
    ─┤├─

      X2    X0    Y0                          Y1
5  ─┤├──┤/├──┤/├─────────────────────────────( )─
     │
     Y1
    ─┤├─

10                                           (ED)
```

5. 使用编程软件编程、程序转换、下载到 PLC、运行调试，验证具体功能

6. 将梯形图转换为指令表

```
ST   X1
OR   Y0
AN/  X0
AN/  Y1
OT   Y0
ST   X2
OR   Y1
```

```
AN/  X0
AN/  Y0
OT   Y1
END
```

四、问题探究

基本逻辑指令的功能有哪些？

1）ST、ST/、OT

ST，ST/：开始逻辑运算。

OT：输出运算结果。

（1）程序示例

梯形图程序	布尔形式	
	地　址	指　令
（见左图）	0	ST X 0
	1	OT Y 10
	2	ST/ X 0
	3	OT Y 11

（2）操作数

指　令	继　电　器			定时器/计数器接点	
	X	Y	R	T	C
ST ST/	A	A	A	A	A
OT	N/A	A	A	N/A	N/A

A：表示可用；N/A 表示不可用。

（3）示例说明

当 X0 闭合时，Y10 闭合。

当 X0 断开时，Y11 闭合。

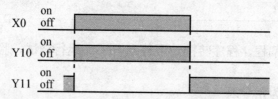

（4）描述

① ST 指令为开始逻辑运算，输入的触点作为 A 型（常开）触点。

② ST/指令为开始逻辑运算，输入的触点作为 B 型（常闭）触点。

③ OT 指令将逻辑运算的结果输出到线圈。

（5）编程时的注意事项

某些输入设备，如紧急停止开关等，通常应使用 B 型（常闭）触点。当对 B 型触点的紧急停止开关进行编程时，一定要使用 ST 指令。

ST 和 ST/指令必须由母线开始。

```
       X0                          Y10
    ───┤ ├────────────────────────( )───
```

OT 指令不能由母线直接开始。

```
                                   Y10
    ─────────────────────────────( )───
```

OT 指令可连续使用。

```
       X0                          Y10
    ───┤ ├──┬─────────────────────( )───
            │                      Y11
            ├─────────────────────( )───
            │                      Y12
            └─────────────────────( )───
```

2）/

/：进行逻辑取反运算。

（1）程序示例

梯形图程序	布尔形式	
	地　址	指　　令
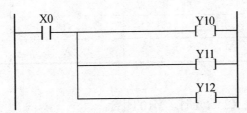	0	ST　　X　　0
	1	OT　　Y　　10
	2	/
	3	OT　　Y　　11

（2）示例说明

当 X0 闭合时，Y10 闭合，Y11 断开。

当 X0 断开时，Y10 断开，Y11 闭合。

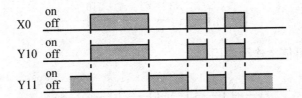

（3）描述

/指令将本指令处的逻辑运算结果取反。

3）AN、AN/

AN：使 A 型（常开）触点串联。

AN/：使 B 型（常闭）触点串联。

（1）程序示例

梯形图程序	布尔形式	
	地　址	指　　令
（见图）	0	ST　　X　　0
	1	AN　　X　　1
	2	AN/　　X　　2
	3	OT　　Y　　10

梯形图：X0 —| |— X1 —| |— X2 —|/|— Y10，其中 X1 标注"逻辑与"，X2 标注"逻辑与非"。

（2）操作数

指　　令	继　电　器			定时器/计数器接点	
	X	Y	R	T	C
AN　AN/	A	A	A	A	A

（3）示例说明

当 X0 和 X1 均闭合且 X2 断开时，Y10 闭合。

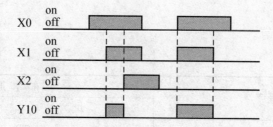

（4）描述

和前面直接串联的逻辑运算的结果，执行逻辑"与"运算。

（5）编程时的注意事项

① 当常开的触点（A 型触点）串联时，使用 AN 指令。

② 当常闭的触点（B 型触点）串联时，使用 AN/指令。

```
  X0    X1         Y10
 —| |——| |————————( )—
  X2    X3         Y10
 —| |——|/|————————( )—
```

AN 和 AN/指令可依次连续使用。

```
  X0   X1   X2   X3
 —| |—| |—| |—|/|— - - -
```

3）OR、OR/

OR：使 A 型（常开）触点并联。

OR/：使 B 型（常闭）触点并联。

（1）程序示例

梯形图程序	布尔形式	
	地 址	指 令
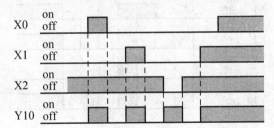	0	ST　　X　　0
	1	OR　　X　　1
	2	OR/　　X　　2
	3	OT　　Y　　10

（2）操作数

指　令	继　电　器			定时器/计数器接点	
	X	Y	R	T	C
OR　OR/	A	A	A	A	A

（3）示例说明

当 X0 或 X1 之一闭合，或 X2 断开时，Y10 接通。

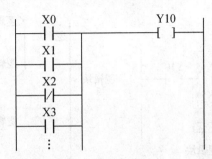

（4）描述

与并联的触点进行逻辑"或"运算。

（5）编程时的注意事项

① 当常开触点（A 型触点）并联时，使用 OR 指令。

② 当常闭触点（B 型触点）并联时，使用 OR/指令。

OR 指令由母线开始。OR 和 OR/指令可依次连续使用。

4）ANS

ANS：将多个逻辑块串联。

（1）程序示例

梯形图程序	布尔形式		
	地　址	指　令	
（X0 X2）（X1 X3）—Y10　逻辑块2　逻辑块1	0	ST	X　0
	1	OR	X　1
	2	ST	X　2
	3	OR	X　3
	4	ANS	
	5	OT	Y　10

（2）示例说明

当 X0 或 X1 闭合，并且 X2 或 X3 闭合时，Y10 为 ON。（X0 或 X1）与（X2 或 X3）→ Y10。

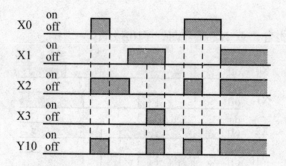

（3）描述

将并联逻辑块串联起来。

以 ST 指令开始的逻辑块。当连续使用多个逻辑块时，应当考虑逻辑块的划分表示如下：

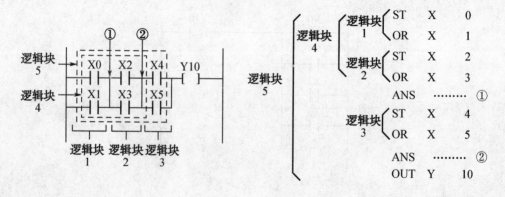

5）ORS

ORS：将多个逻辑块串并联。

（1）程序示例

梯形图程序	布尔形式		
	地址	指令	
（梯形图：X0-X1 逻辑块1，X2-X3 逻辑块2，输出Y10）	0	ST	X 0
	1	AN	X 1
	2	ST	X 2
	3	AN	X 3
	4	ORS	
	5	OT	Y 10

（2）示例说明

当X0和X1都闭合，或X2和X3都闭合时，Y10为ON。（X0 与 X1）或（X2 与 X3）→ Y10。

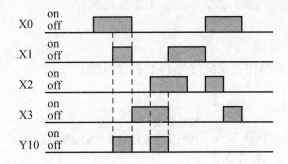

（3）描述

将串联的逻辑块并联起来。

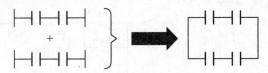

以ST指令开始的逻辑块。当连续使用多个逻辑块时，应当考虑逻辑块的划分表示如下：

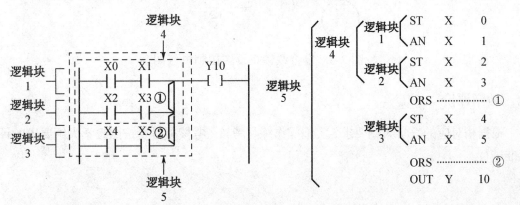

五、知识拓展

编程原则

（1）外部输入/输出继电器、内部继电器、定时器、计数器等器件的接点可多次重复使用，无需用复杂的程序结构来减少接点的使用次数。因为 PLC 中继电器的状态是用存储器的位来保存的，所以允许读取任意次。这样一来，在进行程序设计时，不必用复杂的电路来减少接点数目，可大大简化软件设计。

（2）梯形图的每一行都从左边母线线圈开始接在最右边。

（3）在一个程序中，同一编号的一个线圈只能用一次，不得重复使用。

（4）一段完整的梯形图程序必须用 END 指令结束，END 是 PLC 执行程序阶段的结束标志。

（5）线圈不能直接和左母线相连。如果需要，可通过一个没有使用的内部继电器的常闭接点或者特殊内部继电器 R9010（常 ON）的常开接点来连接。

（6）梯形图必须符合顺序执行的原则，即从左到右，从上到下地执行，如不符合顺序执行的电路不能直接编程，例如，桥式电路就不能直接编程。

六、操作练习

将如图 2-3 所示继电器控制系统改为 PLC 控制系统。

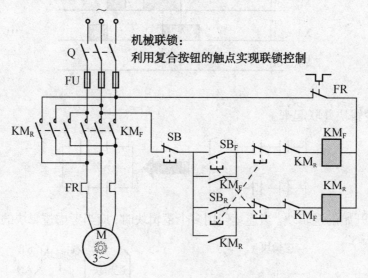

图 2-3 复合联锁正反转控制电气图

七、教学评价

根据相对应的教学大纲要求，实施操作练习考核。考核项目要按照教学大纲要求的评分标准进行。

模块 2　用 PLC 构成四组抢答器系统

一、教学目标

终极目标：

能使用基本顺序指令编程，实现用 PLC 构成四组抢答器系统。

促成目标：

1. 理解基本顺序指令的功能和使用方法；
2. 能灵活利用基本顺序指令进行编程；
3. 掌握使用 PLC 控制七段数码管的编程方法和技巧；
4. 能根据需要使用内部继电器；
5. 能按 PLC 的应用设计步骤进行四组抢答器的设计。

二、工作任务

设计 PLC 控制的四组抢答器。

三、实践操作

控制要求：一个四组抢答器，任一组先按下按键后，显示器能及时显示该组编号并使蜂鸣器发出响声，同时锁住抢答器，使其他组按下按键无效，抢答器有复位开关，复位后可重新抢答。

根据控制要求，操作步骤如下：

1. 分析四组抢答器的逻辑功能，确定输入量和输出量

通过分析控制要求知道应有四个抢答按钮，一个复位按钮，共四个输入量。输出量应控制蜂鸣器和显示器，显示器选用七段数码管，因此应有八个输出量。如图 2-4 所示为数码管引脚及驱动编码。

(IN) LSD	段显示	(OUT) -gfe dcba		(IN) LSD	段显示	(OUT) -gfe dcba
0	0	0011 1111		8	8	0111 1111
1	1	0000 0110		9	9	0110 0111
2	2	0101 1011		A	A	0111 0111
3	3	0100 1111		B	b	0111 1100
4	4	0110 0110		C	C	0011 1001
5	5	0110 1101		D	d	0101 1110
6	6	0111 1101		E	E	0111 1001
7	7	0000 0111		F	F	0111 0001

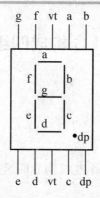

图 2-4 数码管引脚及驱动编码

2. 进行 I/O 分配

输　　入		输　　出	
按键 1	X0	铃	Y0
按键 2	X1	a	Y1
按键 3	X2	b	Y2
按键 4	X3	c	Y3
复位开关	X5	d	Y4
		e	Y5
		f	Y6
		g	Y7

3. 根据 I/O 分配进行接线

按前面所讲的电源、输入设备和输出设备接线的方法进行接线。

4. 按设计步骤和方法设计梯形图

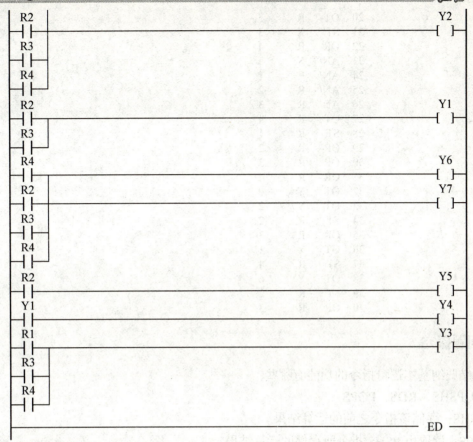

5. 调试运行

将梯形图指令输入后，下载到 PLC，然后按控制要求调试，直到达到控制要求。

6. 将梯形图转换为指令表

0	ST	X	0				
1	OR	R	1	41	OR	R	4
2	AN/	X	5	42	OT	Y	7
3	AN/	R	2	43	ST	R	2
4	AN/	R	3	44	OT	Y	5
5	AN/	R	4	45	ST	Y	1
6	OT	R	1	46	OT	Y	4
7	ST	X	1	47	ST	R	1
8	OR	R	2	48	OR	R	3
9	AN/	X	5	49	OR	R	4
10	AN/	R	1	50	OT	Y	3
11	AN/	R	3	51	ED		
12	AN/	R	4				
13	OT	R	2				
14	ST	X	2				
15	OR	R	3				
16	AN/	X	5				
17	AN/	R	1				
18	AN/	R	2				
19	AN/	R	4				

20	OT	R	3
21	ST	X	3
22	OR	R	4
23	AN/	X	5
24	AN/	R	1
25	AN/	R	2
26	AN/	R	3
27	OT	R	4
28	ST	R	1
29	OR	R	2
30	OR	R	3
31	OR	R	4
32	OT	Y	0
33	OT	Y	2
34	ST	R	2
35	OR	R	3
36	OT	Y	1
37	ST	R	4
38	OT	Y	6
39	ST	R	2
40	OR	R	3

四、问题探究

总结归纳基本逻辑指令的功能有哪些？

1）PSHS、RDS、POPS

PSHS：存储该指令之前的运算结果。

RDS：读取由 PSHS 指令所存储的运算结果。

POPS：读取并清除由 PSHS 所存储的运算结果。

（1）程序示例

梯形图程序	布尔形式		
	地址	指	令
	0	ST	X	0
	1	PSHS		
	2	AN	X	1
	3	OT	Y	10
	4	RDS		
	5	AN	X	2
	6	OT	Y	11
	7	POPS		
	8	AN/	X	3
	9	OT	Y	12

（2）示例说明

当 X0 闭合时，由 PSHS 指令保存之前的运算结果，并且当 X1 闭合时，Y10 为 ON。由 RDS 指令来读取所保存的运算结果，并且当 X2 闭合时，Y11 为 ON。由 POPS 指令来读取所保存的运算结果，并且当 X3 断开时，Y12 为 ON，同时清除由 PSHS 指令存储的运算结果。

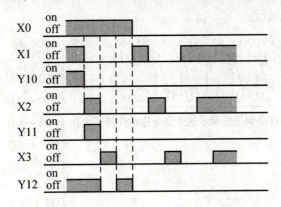

（3）描述

① 一个运算结果可以存储到内存中，而且可以被读取并用于多重处理。

② PSHS（存储运算结果）：由本条指令存储运算结果，并且继续执行下一条指令。

③ RDS（读取运算结果）：读取由 PSHS 指令所存储的运算结果，并且利用此结果从下一步起继续运算。

④ POPS（复位运算内容）：读取由 PSHS 指令所存储的运行结果，并且利用此结果从下一步起继续运算。同时还要清除由 PSHS 指令存储的运算结果。

上述这些指令用于由某个触点产生的，后接其他一个或多个触点的分支结构。

（4）编程时的注意事项

可通过连续使用 RDS 指令继续重复使用同一结果。在最后时，必须使用 POPS 指令。

RDS 指令可重复使用任意次数。

（5）连续使用 PSHS 指令时的注意事项

PSHS 指令可连续使用的次数有一定限制。对于 FP0 系列 PLC，在出现下一条 POPS 指令之前,可连续使用 PSHS 指令的次数为最多 8 次。若指令的连续使用次数大于允许使用次数,该程序将不能正常运行。

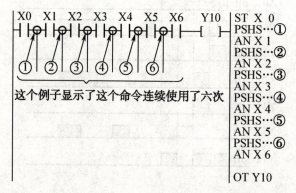

若连续使用 PSHS 指令的期间使用了 POPS 指令,则会从用 PSHS 指令存储的最后一个数据开始顺序读取。

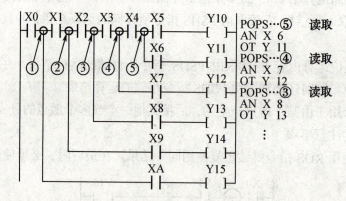

2)DF、DF/

DF:当检测到输入触发信号的上升沿时,仅将触点闭合一个扫描周期。

DF/:当检测到输入触发信号的下降沿时,仅将触点闭合一个扫描周期。

(1)程序示例

梯形图程序	布尔形式	
	地 址	指 令
	0	ST X 0
	1	DF
	2	OT Y 10
	3	ST X 1
	4	DF/
	5	OT Y 11

(2)示例说明

在检测到 X0 的上升沿(OFF→ON)时,Y10 仅为 ON 的一个扫描周期。

在检测到 X1 的下降沿(ON→OFF)时,Y11 仅为 ON 的一个扫描周期。

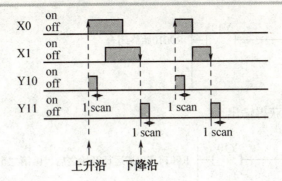

（3）描述

① 当触发信号状态从 OFF 状态到 ON 状态变化时，DF 指令才执行，并且输出仅接通一个扫描周期。

② 当触发信号状态从 ON 状态到 OFF 状态变化时，DF/指令才执行，并且输出仅接通一个扫描周期。

DF 和 DF/指令的使用次数没有限制。只有在检测到触点的 ON 或 OFF 状态发生变化时，DF 和 DF/指令才会产生动作。因此若执行条件最初即为闭合，如 PLC 模式改为运行或在运行模式下接通电源，则不会产生输出。

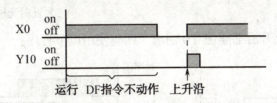

（4）编程时注意事项

对于下图的程序，运算将按下列方式进行。

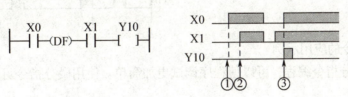

① 当 X1 断开时，即使 X0 升高，Y10 仍然保持 OFF。

② 当 X0 闭合时，即使 X1 升高，Y10 仍然保持 OFF。

③ 当 X1 闭合时，若 X0 升高，则 Y10 在一个扫描周期内为 ON。

在下列程序中，执行状态最初即为 ON，因此没有输出。

```
  ┌──R9010──────────────────Y10──┐
  │───┤ ├───( DF )───────────( )─│   R9010始终闭合
```

对于下列程序，可获得输出。

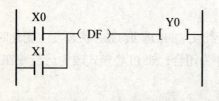

R9014在PLC运行开始之后，由第二个扫描周期开始闭合

在将微分指令和堆栈逻辑与弹出堆栈等指令组合执行时，应注意表达式是否正确。以下回路的动作时序图如右图所示：

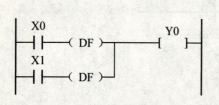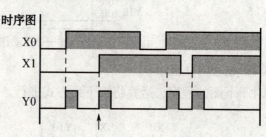

↑ 此时无输出

如果 X0 或 X1 的上升沿都能使 Y0 输出，则应使用以下程序：

时序图

如果 X0 或 X1 的上升沿都能使 Y0 输出，则应使用以下程序：

（5）微分指令的应用示例

如果采用微分指令编程，可以使程序调试更加简单。使用微分指令可以延长保持输入信号。

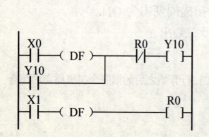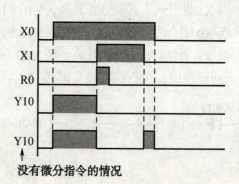

没有微分指令的情况

（6）交替回路应用示例

使用微分指令也可以构成一个交替变化回路，实现利用同一个输入信号切换进行保持或

释放。

示例 1

示例 2

五、知识拓展

八段数码管的显示原理

LED 数码管分共阳极与共阴极两种，其工作特点是，当笔段电极接低电平，公共阳极接高电平时，相应笔段可以发光。共阴极 LED 数码管则与之相反，它是将发光二极管的阴极（负极）短接后作为公共阴极。当驱动信号为高电平、ϴ 端接低电平时，才能发光。

LED 的输出光谱决定其发光颜色以及光辐射纯度，也反映出半导体材料的特性。常见管芯材料有磷化镓（GaP）、砷化镓（GaAs）、磷砷化镓（GaAsP）、氮化镓（GaN）等，其中氮化镓可发蓝光。发光颜色不仅与管芯材料有关，还与所掺杂质有关，因此用同一种管芯材料可以制成发出红、橙、黄、绿等不同颜色的数码管。其他颜色 LED 数码管的光谱曲线形状与之相似，仅 λ 值不同。LED 数码管的产品中，以发红光、绿光的居多，这两种颜色也比较醒目。

LED 数码管等效于多只具有发光性能的 PN 结。当 PN 结导通时，依靠少数载流子的注入及随后的复合而辐射发光，其伏安特性与普通二极管相似。在正向导通之前，正向电流近似于零，笔段不发光。当电压超过开启电压时，电流就急剧上升，笔段发光。因此，LED 数码管属于电流控制型器件，其发光亮度 L（单位是 cd/m^2）与正向电流 I_F 有关，用公式表示：

$$L=KI_F$$

即亮度与正向电流成正比。LED 的正向电压 U，则与正向电流以及管芯材料有关。使用 LED 数码管时，工作电流一般选 10mA 左右/段，既保证亮度适中，又不会损坏器件。

六、操作练习

完成五组抢答器的设计。

七、教学评价

根据相对应的教学大纲要求，实施操作练习考核。考核项目要按照教学大纲要求的评分标准进行。

模块3　用PLC构成多种液体自动混合系统

一、教学目标

终极目标：

能使用基本顺序指令编程，完成用PLC构成多种液体自动混合系统。

促成目标：

1. 理解基本顺序指令的功能和使用方法；
2. 能灵活利用基本顺序指令进行编程；
3. 能仿照所给的两种液体混合控制系统梯形图，按PLC的应用设计步骤，进行三种液体自动混合和三种液体自动混合加热控制系统的设计。

二、工作任务

1. 通过实际操作分析验证两种液体混合控制系统的功能；
2. 三种液体自动混合系统设计；
3. 三种液体自动混合加热控制系统的设计。

三、实践操作

如图2-5所示为多种液体自动混合示意图。

控制要求：

（1）初始状态。容器是空的，Y1、Y2、Y3、Y4电磁阀和搅拌机均为OFF，液面传感器L1、L2、L3均为OFF。

（2）启动操作。按下启动按钮，开始下列操作：

① 电磁阀Y1闭合（Y1为ON），开始注入液体A，至液面高度为L2（此时L2和L3为ON）时，停止注入（Y1为OFF），同时开启液体B电磁阀Y2（Y2为ON）注入液体B，当液面升至L1（L1为ON）时，停止注入（Y2为OFF）。

② 停止液体B注入时，开启搅拌机，搅拌混合时间为10s。

③ 停止搅拌后放出混合液体（Y4为ON），至液体高度降为L3后，再经5s，停止放出（Y4为OFF）。

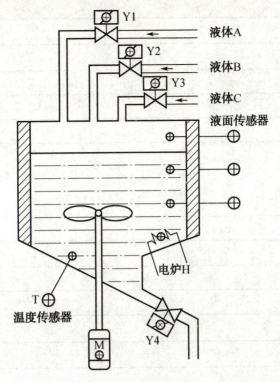

图 2-5 多种液体自动混合示意图

（3）停止操作。按下停止键后，在当前操作完毕后，停止操作，回到初始状。

1. 分析系统功能，进行 I/O 分配

I/O 口分配：

输 入		输 出	
启动按钮	X0	电磁阀 Y1	Y1
停止按钮	X1	电磁阀 Y2	Y2
L1	X2	电磁阀 Y4	Y4
L2	X3	电动机 M	Y5
L3	X4		

2. 按 I/O 分配进行控制回路接线

3. 将所给梯形图通过编程软件写入 PLC

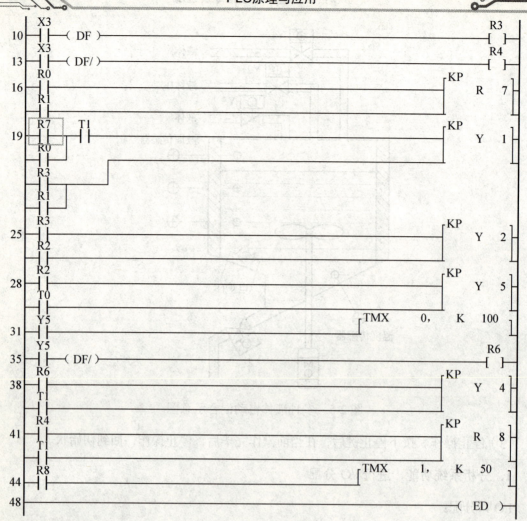

4. 运行调试

5. 将梯形图转换为指令表

0	ST	X	0
1	AN/	R	7
2	DF		
3	OT	R	0
4	ST	X	1
5	DF		
6	OT	R	1
7	ST	X	2
8	DF		
9	OT	R	2
10	ST	X	3
11	DF		
12	OT	R	3
13	ST	X	3
14	DF/		
15	OT	R	4

31 ST Y 5

16	ST	R	0	32	TMX		0
17	ST	R	1		K		100
18	KP	R	7	35	ST	Y	5
19	ST	R	7	36	DF/		
20	OR	R	0	37	OT	R	6
21	AN	T	1	38	ST	R	6
22	ST	R	3	39	ST	T	1
23	OR	R	1	40	KP	Y	4
24	KP	Y	1	41	ST	R	4
25	ST	R	3	42	ST	T	1
26	ST	R	2	43	KP	R	8
27	KP	Y	2	44	ST	R	8
28	ST	R	2	45	TMX		1
29	ST	T	0		K		50
30	KP	Y	5	48	ED		

四、问题探究

总结归纳基本顺序指令的功能有哪些?

1) SET、RST

SET: 当满足执行条件时，输出变为 ON，并且保持 ON 的状态。

RST: 当满足执行条件时，输出变为 OFF，并且保持 OFF 的状态。

（1）程序示例

梯形图程序	布尔形式	
	地 址	指 令
20　X0　置位→Y30(S)	20	ST X 0
	21	SET Y 30
24　X1　　　　Y30(R)	24	ST X 1
输出目标　　复位	25	RST Y 30

（2）操作数

指 令	继 电 器			定时器/计数器接点	
	X	Y	R	T	C
SET, RST	N/A	A	A	N/A	N/A

（3）示例说明

当 X0 闭合时，Y30 为 ON 并保持 ON。

当 X1 闭合时，Y30 为 OFF 并保持 OFF。

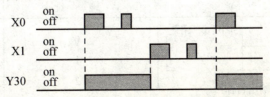

（4）描述

当触发器闭合时，执行 SET（置位）指令。即使触发器状态改变，输出线圈也会为 ON

并保持 ON 状态。当触发器闭合时，执行 RST（复位）指令。即使触发器状态改变，输出线圈也会为 OFF 并保持 OFF 状态。

可以通过 SET（置位）和 RST（复位）指令，多次使用具有同一编号的继电器输出（即使进行程序的总体检查，也不会将其作为语法错误来处理）。当使用 SET（置位）和 RST（复位）指令时，输出的值会随运算过程期间的各步而改变。

（5）示例

当 X0、X1 和 X2 闭合时：

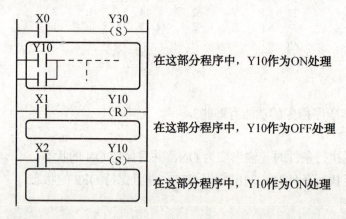

I/O 数据的更新是在执行 ED（结束）指令时进行的，因此，最终实际的输出结果取决于最后一次的运算结果。在上例中，Y10 的输出为 ON。如果在处理过程中需要输出一个结果，可以使用 I/O 刷新指令（F143）。

（6）编程时注意事项

当使用 SET（置位）和 RST（复位）指令时，输出的值会随运算过程期间的各步而改变。使用 SET（置位）和 RST（复位）指令时，如果输出目标继电器不是被指定为保持型的内部继电器，则 PLC 由运行（RUN）切换到编程（PROG）或切断电源时，该输出将被复位（OFF）。

为了便于调试、优化程序，请务必在 SET 和 RST 指令之前加入微分指令。当在程序中若干处对同一个输出目标进行操作时，采用此方法非常有效。

2）KP

KP：根据置位或复位的输入信号进行输出，并且保持该输出状态。

（1）程序示例

梯形图程序	布尔形式	
	地　址	指　令
X0 置位输入 X1 复位输入 KP R 30 输出目标	0	ST　X　0
	1	ST　X　1
	2	KP　R　30

（2）操作数

指 令	继 电 器			定时器/计数器接点	
	X	Y	R	T	C
KP	N/A	A	A	N/A	N/A

（3）示例说明

当 X0 闭合时，输出继电器 R30 变为 ON 并保持 ON 状态。

当 X1 闭合时，R30 变为 OFF 并保持 OFF 状态。

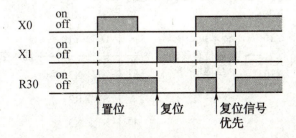

（4）描述

① 当置位输入信号闭合时，指定继电器的输出变为 ON 并保持 ON 状态。

② 当复位输入信号闭合时，输出继电器变为 OFF。

无论置位信号的输入状态是 ON 或 OFF，输出继电器的 ON 状态都将保持不变，直至复位信号输入闭合。若置位输入和复位输入同时变为 ON，则复位输入信号优先。

（5）编程时的注意事项

如果 KP 指令所使用的内部继电器（R）被设置为非保持型的数据，则 PLC 由运行（RUN）切换到编程（PROG）或切断电源时，该输出将被复位（OFF）（如果该内部继电器被设置为保持型，则不会被复位）。

3）NOP

NOP：不进行任何操作。

（1）程序示例

梯形图程序	布 尔 形 式	
	地 址	指 令
X0 X1 X2 Y10 0 ─┤├─┤├─┤/├─────( )─ 空操作	0	ST X 0
	1	AN X 1
	2	NOP
	3	AN/ X 2
	4	OT Y 10

（2）描述

本条指令对该点的操作结果没有任何影响。如果没有 NOP 指令，操作结果完全相同。使用 NOP 指令可以便于程序的检查和核对。

当需要删除某条指令而又不能改变程序指令的地址时，可以写入一条 NOP 指令（覆盖以前的指令）。

当需要改变程序指令的地址而又不能改变程序时，可以写入一条 NOP 指令。

使用本条指令可以方便地将较长、较复杂的程序区分为若干比较简短的程序块。

（3）示例

示例 1　需要将某段程序的起点由地址 39 移动到地址 40 时，在地址 39 处插入一条 NOP 指令。

地址				地址		
36	ST	X0		36	ST	X0
·	OR	X1		·	OR	X1
·	OT	Y10	这个操作将起始位置移动至地址40	·	OT	Y10
39	ST	X2	→	39	NOP	← 加入空操作指令
40	AN	X3		40	ST	X2
·	OT	R20		41	AN	X3
·	ST	R2		·	OT	R20
·	DF			·	ST	R2
44	ST	X3		·	DF	
				45	ST	X3

示例 2　删除 NOP 命令。

程序编制完成以后，可以在 PROG（编程）模式下，通过编程工具删除 NOP 指令。

五、知识拓展

梯形图的简化

介绍几种简化电路的方法，同学们可在实践中不断总结加以补充。

（1）以串联接点开始，与并联电路块相与的逻辑行，将串联接点放在并联块之后，可以减少与连接指令。

（2）并联电路块中，将单点支路放在多点串联支路之下，可节省或连接指令。

（3）对于较复杂的串并联电路，将串并联接点分到各并联支路，可使电路结构清晰，编程容易。需要指出的是，重排后的电路，不得改变原电路的功能。

（4）桥式电路不能直接编程，要利用桥路接点的多次使用进行拆桥后编程。

六、思考和练习

根据三种液体自动混合和三种液体自动混合加热控制系统功能自行编写程序，下载到 PLC 运行调试。

七、教学评价

根据相对应的教学大纲要求，实施操作练习考核。考核项目要按照教学大纲要求的评分标准进行。

项目三 基本功能指令及应用

终极目标：

能熟练使用定时、记数和移位指令来完成一些典型控制系统的改造和设计。

促成目标：

1. 能独立进行电动机 Y/△降压启动的 PLC 控制系统的设计与接线；进行系统调试运行。
2. 能独立进行砂处理生产线系统的 PLC 控制系统的设计与接线；进行系统调试运行。
3. 能独立进行桥式起重机检测的 PLC 控制系统的设计与接线；进行系统调试运行。

模块 1　电动机 Y/△降压启动控制

一、教学目标

终极目标：

能正确使用定时器指令编程，实现用 PLC 构成电动机 Y/△降压启动控制系统。

促成目标：

1. 掌握定时器指令的功能和应用；
2. 能正确使用定时器指令编程；
3. 能按 PLC 应用的设计步骤设计电动机 Y/△降压启动控制系统。

二、工作任务

电动机 Y/△降压启动控制系统设计。

三、实践操作

控制线路如图 3-1 所示。该线路结构简单，缺点是启动转矩也相应下降为三角形联结的 1/3，转矩特性差，因而本线路适用于电网电压为 380V，额定电压为 660V/380V，Y/△联结的电动机轻载启动场合。

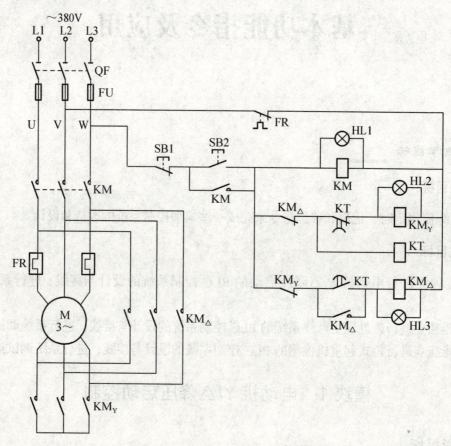

图 3-1　Y/△降压启动工作线路图

Y/△启动过程：

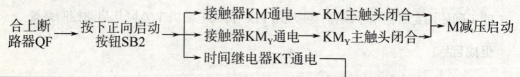

→M加额定电压正常运行。

控制要求：按下启动按钮 SB2，KM_Y 接通，电动机做星形运转。2s 后 $KM_△$ 断开，$KM_△$ 接通，即完成 Y/△启动。按下停止按钮 SB1，电动机停止运行。

1. 分析系统功能进行 I/O 分配，画 PLC 接线图

（1）I/O 分配：

输 入		输 出	
SB2	X0	KM$_Y$	Y0
SB1	X1	KM$_\triangle$	Y1
		KM	Y2

（2）PLC 接线图，如图 2-6 所示。

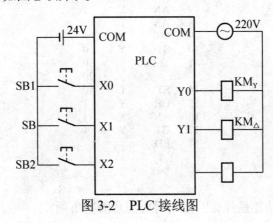

图 3-2 PLC 接线图

2. 主回路接线

按继电器控制线路图的主回路接线。

3. 按 PLC 接线图进行控制回路接线

4. 根据 Y/△降压启动控制功能设计 PLC 控制梯形图

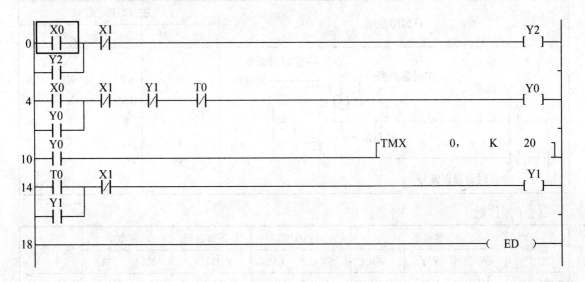

5. 使用编程软件编程、程序转换、下载到 PLC、运行调试

6. 将梯形图转换为指令表

```
 0  ST   X   0
 1  OR   Y   2
 2  AN/  X   1
 3  OT   Y   2
 4  ST   X   0
 5  OR   Y   0
 6  AN/  X   1
 7  AN/  Y   1
 8  AN/  T   0
 9  OT   Y   0
10  ST   Y   0
11  TMX      0
    K       20
14  ST   T   0
15  OR   Y   1
16  AN/  X   1
17  OT   Y   1
18  ED
```

四、问题探究

定时器指令的主要功能是什么？使用时要注意哪些事项？

1）定时器指令

TML：设置以 0.001s 为定时单位的延时定时器。

TMR：设置以 0.01s 为定时单位的延时定时器。

TMX：设置以 0.1s 为定时单位的延时定时器。

TMY：设置以 1s 为定时单位的延时定时器。

（1）程序示例

梯形图程序	布 尔 形 式		
	地　址	指　　令	
触发 定时器类型 定时器编号 设定值 X0　　　TMX 5 K 30 0├┤├──────────────┤ 　T5　　　　　　　　　Y37 4├┤├──────────────( ) 定时器触点编号　经过值	0	ST	X 0
	1	TM	X 5
		K	30
	4	ST	T 5
	5	OT	Y 37

（2）操作数

指令	继电器			定时器/计数器		数据寄存器	常数		索引变址
	WX	WY	WR	SV	EV	DT	K	H	
设定值	N/A	N/A	N/A	A	N/A	N/A	A	N/A	N/A

（3）描述

计数器的点数可以用系统寄存器 5 改变。FP0 的总数可达 144。增加定时器的点数会相应减少计数器的点数。

定时器为非保持型，因此若切断电源或 PLC 模式方式由运行（RUN）变为编程（PROG）时，定时器会复位清零。若需要保持运行状态，则应设定系统寄存器 6。

当触发器闭合时，设定时间[n]递减，当经过值达到零时，定时器触点 Tn（n 为定时器触点编号）闭合。若在运行过程中触发器断开，则运行停止且经过值复位（清零）。在定时器线圈之后可以直接连接 OT 指令。

对于 FP0 设定值区号（SV）可直接指定为设定值。定时器设定时间的计算公式为[时间单位]×[设定值]。定时器设置值[n]必须为 K1 至 K32767 的十进制常数。

（4）示例

当 TMX 设置为 K43 时，设定时间为 $0.1 \times 43 = 4.3s$。当 TMR 设置为 K500 时，设定时间为 $0.01 \times 500 = 5s$。

2）定时器动作

下面是用 K 常数来设置设定值的示例。

（1）当 PLC 模式切换到运行（RUN）或在运行模式下接通电源时，定时设定值被传输至相同编号的设定值区（SV）。

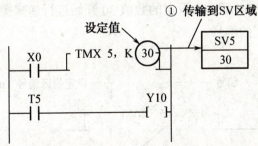

（2）当计时触发器由 OFF 变为 ON 时，设置值被由设定值区（SV）传输至相同编号的经过值区（EV）。（若在触发器闭合的情况下 PLC 模式变为运行，则会进行同样的动作。）

（3）若触发器保持闭合状态，则经过值区（EV）的值递减。

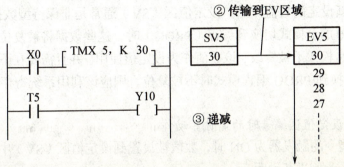

（4）当经过值区（EV）的值达到零时，同号的定时器触点（T）变为 ON。

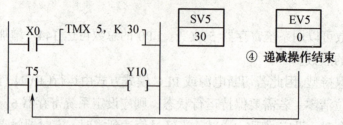

④ 递减操作结束

3) 定时器指令应用示例

直接指定设定值区编号作为定时器设定值，设定值区编号（SV）可直接指定为设定值 n。

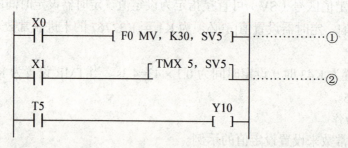

上述程序具体操作如下：

（1）当触发器 X0 为 ON 时，执行高级指令 F0（MV），将 K30 设置到 SV5。

（2）触发器 X1 变为 ON 后，由设定的数值 30 开始进行递减操作。指定 n（设定值 SV 的编号）为与定时器相同的编号。

梯形图程序：

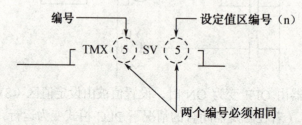

即使设定值（SV）中的数值在进行递减操作的过程中被修改，递减操作也仍然按照原有的数值继续进行。只有递减操作结束或被中断后，触发器随后由 OFF 变为 ON 时，定时器的动作才能从新设定的数值开始。设定值区（SV）通常是非保持型数据，当切断 PLC 电源或由运行（RUN）模式切换到编程（PROG）时，这些数据将被复位（清零）。如果 SV 的数值在 RUN 模式下被修改，该数值作为设定值使用，并且需要在下次接通电源或由 RUN 运行模式切换到 PROG 编程模式时不被复位，则应该利用系统寄存器 6 将其指定为保持型数据。

4) 直接指定设定值区编号时的定时器动作

（1）当高级指令的触发器为 ON 时，数值被设置到设定值区（SV）中。以下程序以高级指令 F0（MV）为例进行说明。

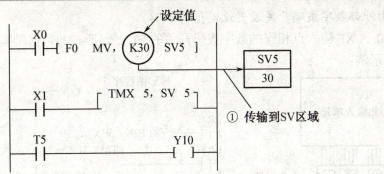

（2）当定时器的触发器由 OFF 变为 ON 时，设置值从设定值区（SV）放入具有相同编号的经过值区（EV）。（当触发器为闭合时，如果 PLC 切换到运行模式，也会产生同样的动作。）

（3）如果触发器保持闭合，则经过值中的数值在每个扫描周期都递减。

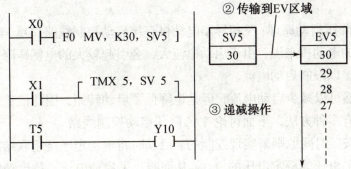

（4）当经过值（EV）到达 0 时，具有相同编号的定时器的触点（T）变为 ON。

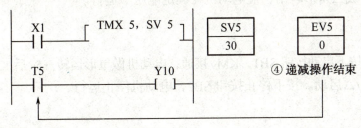

5）直接指定设定值区编号的示例

根据指定条件改变设定值：X0 为 ON 时设定值为 K50，X1 为 ON 时设定值为 K30。

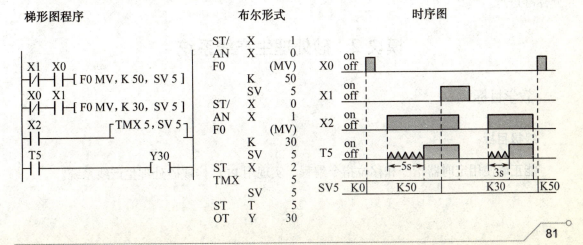

6）由外部数字拨码开关设置设定值的示例

与 X0 到 XF 输入点相连的数字拨码开关的 BCD 码形式的数据转换并成为设定值。

连接示例：

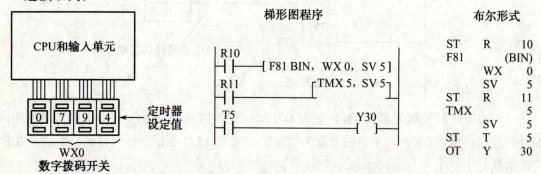

五、知识拓展

电动机 Y/△降压启动原理：三相异步电动机直接启动控制线路简单、经济、操作方便，但对于容量较大的电动机来说，由于启动电流大，会引起较大的电网压降，所以必须采用降压启动的方法，以限制启动电流。

降压启动虽然可以减少启动电流，但是也降低了启动转矩，因此仅适用于空载或轻载启动。降压启动有多种方法，下面讨论 Y/△降压启动控制线路。

控制线路是按照时间原则来实现控制的。启动时将电动定子绕组联结成星形，加在电动机每相绕组上的电压为额定电压的 1/3，从而减小了启动电流。待启动后按预先整定的时间把电动机换成三角形联结，使电动机在额定电压下运行。

六、操作练习

控制要求：按下启动按钮 SB1，KM_Y 接通，电动机做星形运转。5s 后 KM_Y 断开，$KM_\triangle$ 接通，即完成 Y/△启动。按下停止按钮 SB2，电动机停止运行。

七、教学评价

根据相对应的教学大纲要求，实施操作练习考核。考核项目要按照教学大纲要求的评分标准进行。

模块 2　砂处理生产线系统

一、教学目标

终极目标：

能正确使用定时器指令和移位指令编程，实现用 PLC 构成砂处理生产线系统。

促成目标：

1. 掌握移位指令、定时器指令串联使用的功能和应用；
2. 能正确使用移位指令和定时器指令编程；
3. 能按 PLC 应用的设计步骤设计砂处理生产线系统。

二、工作任务

设计砂处理生产线系统。

三、实践操作

砂处理生产线由混砂机、带式输送机及其配套设备、生产及除尘等用电设备组成，主要完成型砂、新砂、粘土及煤粉的输送任务。砂处理生产线的主要用电设备是连续工作制，采用传统的继电器控制系统，需要采用大量中间继电器和时间继电器，可靠性差，难以保证系统长时间连续工作。虽然用继电器构成一个控制系统的直接投资比 PLC 少，但从系统的寿命及其维修费用来考虑，用 PLC 取代继电器控制系统是合适的。

本模块论述采用 PLC 实现砂处理生产线的控制问题。对于 PLC 控制系统的构成问题，从 I/O 点数上考虑，在砂处理系统中，一台中型 PLC 就够了，使用小型 PLC 则需要几台。但是，考虑到砂处理系统可分为几个相对独立的子系统（如旧砂输送、新砂输送、混砂、型砂输送等），各系统之间只有很少几个信号联锁，采用多台小型 PLC 可以将事故分散，更利于提高设备的运行率及系统调试，因此本系统采用多台 FP0 型 PLC 的控制方案。这里只对型砂控制系统进行设计。型砂输送系统中，输送带的工艺流程如下图所示。

1. 分析系统功能，进行 I/O 分配，画 PLC 接线图

砂输送系统的基本控制要求是：

（1）启动时应逆工艺顺序延时启动，其启动顺序如下图。

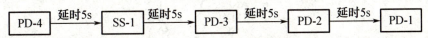

（2）停止时，全部设备同时停机。根据基本控制要求进行 I/O 分配：

输 入		输 出	
启动	X0	PD-1	Y1
停止	X1	PD-2	Y2
		PD-3	Y3
		PD-4	Y4
		SS-1	Y0

2. 按 PLC 接线图进行控制回路接线

3. 梯形图设计

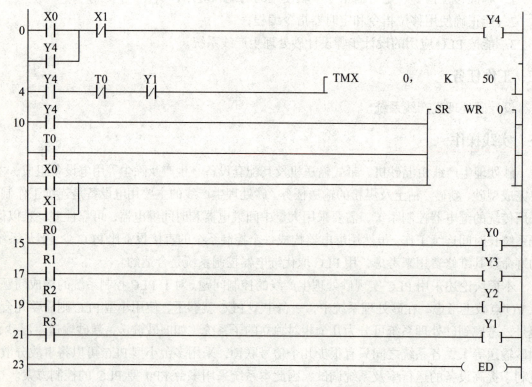

4. 使用编程软件编程、程序转换、下载到 PLC、运行调试

5. 将梯形图转换为指令表

0	ST	X	0
1	OR	Y	4
2	AN/	X	1
3	OT	Y	4
4	ST	Y	4
5	AN/	T	0
6	AN/	Y	1
7	TMX		0
	K		50
10	ST	Y	4
11	ST	T	0
12	ST	X	0
13	OR	X	1
14	SR	WR	0
15	ST	R	0
16	OT	Y	0
17	ST	R	1
18	OT	Y	3
19	ST	R	2
20	OT	Y	2
21	ST	R	3
22	OT	Y	1
23	ED		

四、问题探究

1. 如何使用移位指令

SR：16 位[字数据内部继电器（WR）]数据左移一位。

1）程序示例

梯形图程序	布 尔 形 式	
	地　　址	指　　令
X0 数据输入——SR WR 3 D X1 移位触发信号 X2 复位触发信号	0 1 2 3	ST　　X　　0 ST　　X　　1 ST　　X　　2 SR　　WR　　3

2）示例说明

（1）若在 X2 为 OFF 状态时 X1 闭合，则内部继电器的寄存器 WR3（对应内部继电器 R30 至 R3F）的内容左移一位。

（2）若 X0 为 ON，则将"1"移入 R30；若 X0 为 OFF，则将"0"移入 R30。

（3）若 X2 接通，则 WR3 的内容复位为 0。

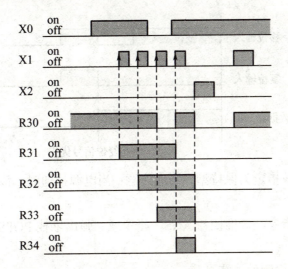

3）描述

将指定的数据区（WR）左移一位。当移位输入信号变为 ON（上升沿）时，寄存器 WR 的内容左移一位。在移位过程中，如果数据输入信号为 ON，则将空位（最低位）置 1；如果数据输入信号为 OFF，则将该位置为 0。

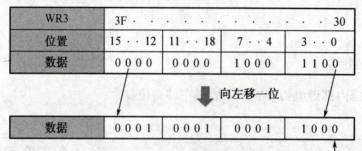

当复位输入信号为 ON 时，WR 的内容被清除。
当复位输入信号为 ON 时：

| WR（二进制数据） | 0011 | 0100 | 0001 | 1001 |

↓ WR3的值被清零

| WR（二进制数据） | 0000 | 0000 | 0000 | 0000 |

4）编程时的注意事项

SR 指令需要数据输入、移位输入和复位输入。当同时检测到复位输入和移位输入时，复位输入信号优先。

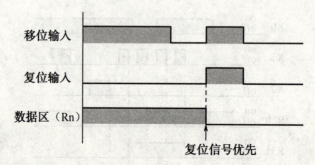

若内部继电器区被指定为保持型，则应注意：当电源接通时，该区的数据并不复位为"0"。

当将移位寄存器指令与"堆栈与 ANS"指令或"弹出堆栈 POPS"指令结合使用时，应注意语法是否正确。

5）有关移位输入检测的注意事项

对于 SR 指令，仅在检测到移位输入信号（OFF→ON）的上升沿时，进行移位操作。若移位输入信号继续保持 ON，则只能在上升沿的时刻进行移位，不会进一步移位。因此，如果 PLC 切换到运行模式或运行模式下接通电源时，移位输入信号初始已经为 ON，则在第一次扫描周期内不会进行移位操作。

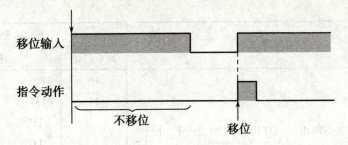

2. 定时指令的串、并联使用的功能是什么

（1）定时器的串联

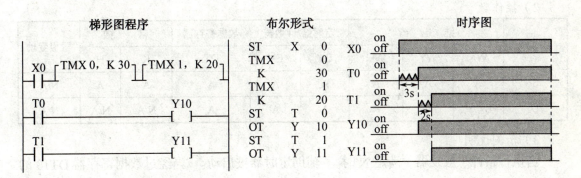

（2）定时器的并联

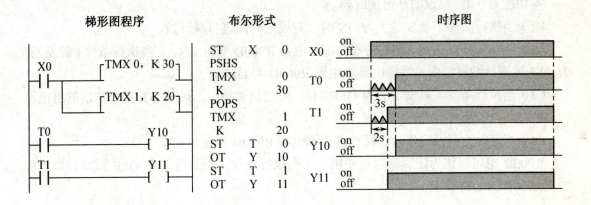

五、知识拓展

辅助定时器指令、左/右移位寄存器指令

1. F137 STMR

以 0.01s 为单位设置 16 位数据 ON 延迟定时器（0.01~327.67s）。

1）程序示例

梯形图程序	布尔形式	
	地址	指令
触发器 R0 10 ─┤├─[F137 STMR， DT10， DT20]─(R5) 　　　　　　　　　　S　　　D	10 11 16	ST　　R　　　0 F137　　（STMR） DT　　　　　10 DT　　　　　20 OT　　R　　　5
S	用于定时器设定值的16位区或16位常数	
D	存放定时器经过值的16位数据区	

2）操作数

操作数	继　电　器			定时器/计数器		数据寄存器	常　　数		索引变址
	WX	WY	WR	SV	EV	DT	K	H	
S	A	A	A	A	A	A	A	A	N/A
D	N/A	A	A	A	A	A	N/A	N/A	N/A

3）示例说明

当执行条件（触发器）满足 N 时，辅助定时器被启动。当经过数据寄存器 DT10 的数值×0.01s 时间之后，R5 变为 ON。

4）描述

本功能为 0.01s 单位的延迟定时器。

（1）当执行条件（触发器）为 ON 时，对设定时间进行减计数。

（2）当经过值 D 达到 0 时，特殊内部继电器 R900D 变为 ON。（当执行条件（触发器）为 OFF 或减计数过程中，特殊内部继电器 R900D 为 OFF。）

（3）当执行条件（触发器）为 OFF 时，经过值被清 0，同时 OT 指令输出的继电器为 OFF。

（4）当定时达到设定值时，特殊内部继电器 R900D 也变为 ON。

R900D 也可以作为定时器触点使用。（当执行条件（触发器）为 OFF 或减计数过程中，R900D 为 OFF。）

```
    R0
　─┤├──────[ F137 STMR， DT10， DT20 ]
    R900D
　─┤├──────────────────────────( R5 )
```

上例的动作与示例程序的相同。

5）定时器设定值

（1）输入的定时器的设定为 0.01s×（定时器设定值）。

（2）定时器的设定值以 K1～K32767 范围内的 K 常数指定。

（3）STMR 的设定范围为 0.01～327.67s，单位为 0.01s。
（4）如果设定值等于 K500，则设定值为 0.01×500＝5s。
6）编程时的注意事项
存放设定值的区域和指定经过值的区域，不能与其他定时/计数器指令或高级指令的运算区重叠。因为减计数是在运算时进行的，所以编程时应该使 1 个扫描周期中只运算一次。（因为中断程序、跳转/循环指令等在一个扫描中可以执行多次或一次也不执行，所以不能得到正确的结果。）
7）辅助定时器的动作过程
（1）当执行条件（触发器）R0 从 OFF 变为 ON 时，由 S 指定的设定值被传送到经过值区 D。

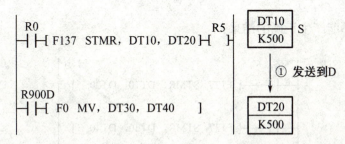

（2）当执行条件（触发器）保持 ON 时，每个扫描中将经过值 D 的数据递减。

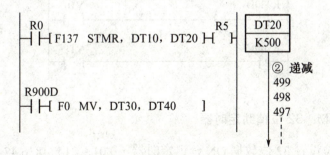

（3）当经过值 D 达到 0 时，OT 指令之后的继电器变为 ON，特殊内部继电器 R900D 也同时变为 ON。

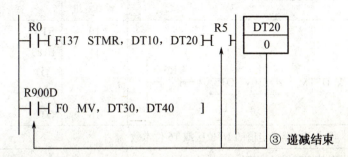

8）使用 R900D 时的注意事项
如果在程序中多次使用辅助定时器，应该始终在定时器指令之后立即使用 R900D。

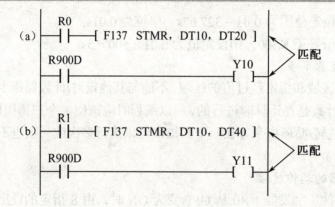

当由 R0 启动的定时器 a 变为 ON 时,Y10 变为 ON。当由 R1 启动的定时器 a 变为 ON 时,Y11 变为 ON。

以下的程序不能产生正确的结果:

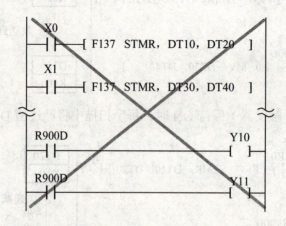

2. F183 DSTM:32 位辅助定时器

以 0.01s 为单位设置 32 位数据 ON 延迟定时器(0.01~21474836.47s)。

1)程序示例

梯形图程序	布尔形式	
	地 址	指 令
触发器 R0　　　　　　　　　　　　　R5 10 ─┤├─[F183 DSTM, DT10, DT5]─( )─ 　　　　　　　　　S　　　D	10 11 16	ST　　　　　　R　　　　0 F183　　　　　(DSTM) DT　　　　　　　　　10 DT　　　　　　　　　　5 OT　　　　　　R　　　　5
S	用于定时器设定值的 16 位区或 16 位常数	
D	存放定时器经过值的 16 位数据区	

2）操作数

操作数	继电器			定时器/计数器		数据寄存器	常数		索引变址
	WX	WY	WR	SV	EV	DT	K	H	
S	A	A	A	A	A	A	A	A	N/A
D	N/A	A	A	A	A	A	N/A	N/A	N/A

3）示例说明

当执行条件（触发器）满足 N 时，辅助定时器被启动。当经过数据寄存器 DT10 和 DT11 的数值×0.01s 的时间之后，R5 变为 ON。

4）描述

本功能为 0.01s 单位的 32 位加计数型延迟定时器。

（1）当执行条件（触发器）为 ON 时，对经过时间进行加计数。当经过值（D+1，D）（32bit）超出设定值时，在程序中紧随其后的 OT 指令控制的继电器变为 ON。

（2）当执行条件（触发器）为 OFF 时，经过值区被清零，同时 OT 指令使用的继电器变为 OFF。

（3）当经过值达到设定值时，特殊内部继电器 R900D 也变为 ON。

R900D 可以作为定时器的触点使用。（当执行条件（触发器）为 OFF 以及指令执行时，R900D 为 OFF。）

```
  R0
  ─┤├──────────────[ F183 DSTM, DT10, DT5 ]
  R900D                                R5
  ─┤├──────────────────────────────────( )
```

左图所示的程序与上述的示范程序作用相同。

5）定时器设定值

（1）输入的定时器的设定为 0.01s×（定时器设定值）。

（2）定时器的设定值以 K1～K2147483647 范围内的 K 常数指定。

（3）DSTM 的设定范围为 0.01s～21474836.47s，单位为 0.01s。

（4）如果设定值等于 K500，则设定值为 0.01×500 = 5s。

6）编程时的注意事项

存放设定值的区域和指定经过值的区域，不能与其他定时/计数器指令或高级指令的运算区重叠。因为加计数是在运算时进行的，所以编程时应该使 1 个扫描周期中只运算一次。（因为中断程序、跳转/循环指令等在一个扫描中可以执行多次或一次也不执行，所以不能得到正确的结果。）

7）辅助定时器的动作过程

（1）当执行条件（触发器）R0 从 OFF 变为 ON 时，数值 0 被传送到经过值区（D+1，D）。

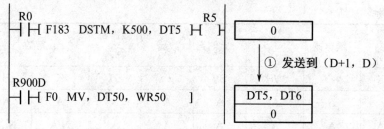

（2）当执行条件（触发器）保持 ON 时，经过值（D+1，D）的数据递增。

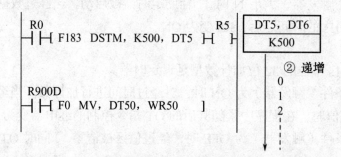

（3）当经过值（D+1，D）达到设定值（S+1，S）时，OT 指令之后的继电器变为 ON。特殊内部继电器 R900D 也同时变为 ON。

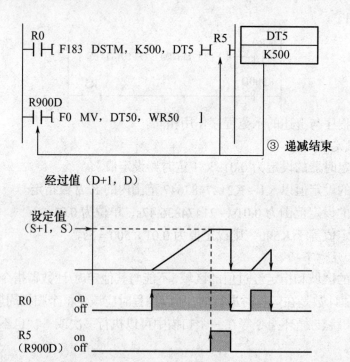

8）使用 R900D 时的注意事项

如果在程序中多次使用辅助定时器，应该始终在定时器指令之后立即使用 R900D。

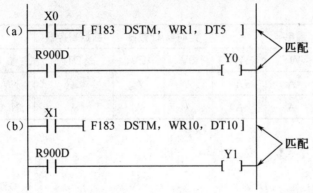

当由 R0 启动的定时器 a 变为 ON 时，Y10 变为 ON；当由 R1 启动的定时器 a 变为 ON 时，Y11 变为 ON。

以下的程序不能产生正确的结果。

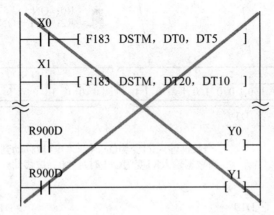

3. F119 LRSR：左/右移位寄存器

将 16 位数据左移或右移 1 位。

1）程序示例

梯形图程序		布尔形式		
		地址	指令	
50 R0 左/右计数（ON：左 OFF：右） F119 LRSR		50	ST	R 0
51 R1 数据输入 D1 → DT 0		51	ST	R 1
		52	ST	R 2
52 R2 移动输入 D2 → DT 9		53	ST	R 3
		54	F119	(LRSR)
53 R3 复位输入			DT	0
			DT	9

D1	左移或右移一位的起始 16 位区
D2	左移或右移一位的结束 16 位区

2）操作数

操作数	继电器			定时器/计数器		数据寄存器	常数		索引变址
	WX	WY	WR	SV	EV	DT	K	H	
D1	N/A	A	A	A	A	A	N/A	N/A	N/A
D2	N/A	A	A	A	A	A	N/A	N/A	N/A

3）示例说明

左移操作：

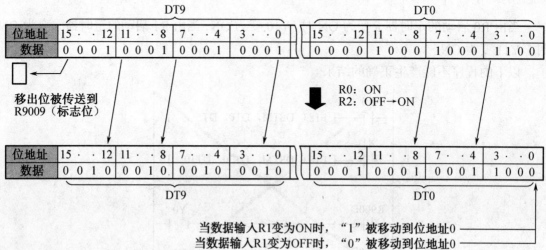

右移操作：

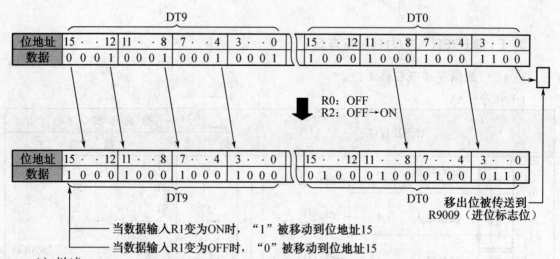

4）描述

根据左/右移位控制输入信号的 ON/OFF 状态，改变寄存器移位方向。

（1）当左/右移位控制输入信号为 ON 时，进行左移；为 ON 时右移。应保证所指定的 D1、D2 为相同类型的数据区，并且 D1≤D2。

（2）当移位输入从 OFF 变为 ON 时（复位输入为 OFF），由 D1 和 D2 指定的数据区左移或右移 1 位。数据移位时，如果数据输入信号为 ON，则向移位产生的空数据位（最高或最低位）中填充 1；如果数据输入信号为 OFF，则向移位产生的空位中填充 0。同样，移出的数据位（左移时为最高位，右移时为最低位）将被传输到特殊内部继电器 R9009（进位标志）中。如果复位输入为 ON，则指定区域中的数据被清零。

5）标志位状态

（1）错误标志位（R9007）：当使用的起始 16 位区（D1）大于终止的 16 位区（D2）（当 D1>D2）时变为 ON 并且保持 ON。

（2）错误标志位（R9008）：当使用的起始 16 位区（D1）大于终止的 16 位区（D2）（当 D1>D2）瞬间为 ON。

（3）进位标志位（R9009）：当移出位是 1 时，瞬间为 ON。

6）检测移位输入的注意事项

在 F119（LRSR）指令中，当检测到移位输入信号 OFF→ON 的上升沿时移位。如果移位输入信号始终保持 ON 的状态，则只在上升沿时移位一次，不会一直移位。当 PLC 切换到 RUN 模式或在 RUN 模式下接通电源时，如果输入信号已经处于 ON 的状态，则在第 1 扫描周期内不会移位。

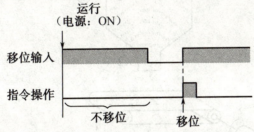

7）编程时的注意事项

当将 F119（LRSR）指令同堆栈与指令或弹出堆栈指令组合使用时，必须注意程序是否正确。

六、思考和练习

使用左/右移位指令实现型砂输送系统的控制。

七、教学评价

根据相对应的教学大纲要求，实施操作练习考核。考核项目要按照教学大纲要求的评分标准进行。

模块 3　自动送料装车系统

一、教学目标

终极目标：

能正确使用定时器指令和计数器指令编程，实现用 PLC 构成自动送料装车系统。

促成目标：

1. 掌握计数器指令的功能和应用；
2. 能正确使用计数器指令和定时器指令编程；
3. 能按 PLC 应用的设计步骤设计自动送料装车系统。

二、工作任务

设计自动送料装车系统。

三、实践操作

自动送料装车系统如图 3-3 所示。

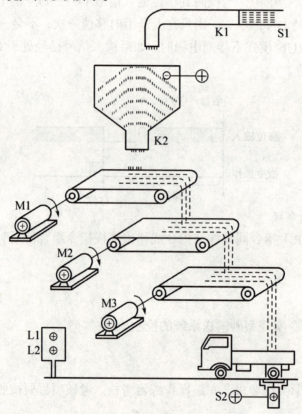

图 3-3 自动送料装车系统

控制要求：

初始状态：红灯 L1 灭，绿灯亮，表示允许汽车开进装料；料斗 K2，电动机 M1、M2、M3 皆为 OFF。

当汽车到来时（用 S2 接通表示），L1 亮，L2 灭，M3 运行，电动机 M2 在 M3 通 2s 后运行，M1 在 M2 通 2s 后运行，K2 在 M1 通 2s 后打开出料。

当料满后（用 S2 断开表示），料斗 K2 关闭，电动机 M1 延时 2s 后断开，M2 在 M1 停 2s 后停止，M3 在 M2 停 2s 后停止，L2 亮，L1 灭，表示汽车可以开走。

1. 分析系统功能，进行 I/O 分配

（1）I/O 分配

输　入		输　出	
S2	X1	K2	Y0
		L1	Y2
		L2	Y3
		M1	Y4
		M2	Y5
		M3	Y6

2. 按 I/O 分配进行控制回路接线

3. 编写梯形图

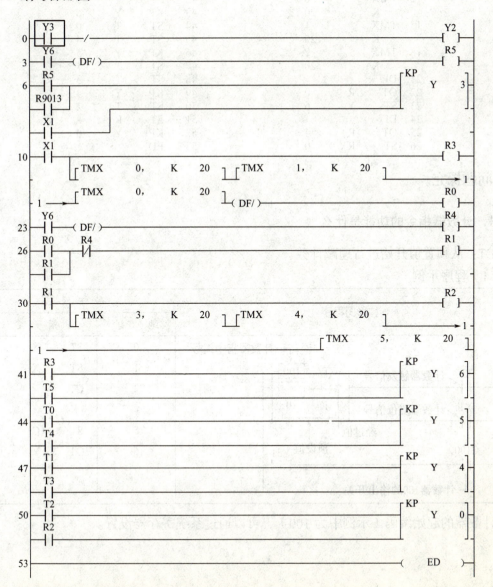

4. 使用编程软件编程、程序转换、下载到 PLC、运行调试

5. 将梯形图转换为指令表

0	ST	Y	3	27	OR	R	1
1	/			28	AN/	R	4
2	OT	Y	2	29	OT	R	1
3	ST	Y	6	30	ST	R	1
4	DF/			31	OT	R	2
5	OT	R	5	32	TMX		3
6	ST	R	5		K		20
7	OR	R	9013	35	TMX		4
8	ST	X	1		K		20
9	KP	Y	3	38	TMX		5
10	ST	X	1		K		20
11	OT	R	3	41	ST	R	3
12	TMX		0	42	ST	T	5
	K		20	43	KP	Y	6
15	TMX		1	44	ST	T	0
	K		20	45	ST	T	4
18	TMX		2	46	KP	Y	5
	K		20	47	ST	T	1
21	DF/			48	ST	T	3
22	OT	R	0	49	KP	Y	4
23	ST	Y	6	50	ST	T	2
24	DF/			51	ST	R	2
25	OT	R	4	52	KP	Y	0
26	ST	R	0	53	ED		

四、问题探究

1. 计数器指令的功能是什么

CT：从预置值开始进行递减计数。

（1）程序示例

梯形图程序	布尔形式		
	地　址	指　　令	
（X0 计数器触发信号 CT 100 计数器指令编号 X1 计数器复位信号 K 10 经过值 预设值 Y31 C100 计数器100的输出开关）	0	ST	X 0
	1	ST	X 1
	2	CT	100
		K	10
	5	ST	C 100
	6	OT	Y 31

计数器的起始编码（示例中为 100），可以通过系统寄存器设置。

（2）操作数

指令	继电器			定时器/计数器		数据寄存器	常数		索引变址
	WX	WY	WR	SV	EV	DT	K	H	
设定值	N/A	N/A	N/A	A	N/A	N/A	A	N/A	N/A

（3）示例说明

当 X0 的上升沿被检测到 10 次后，计数器的触点 C100 闭合、Y31 变为 ON。当 X1 闭合时，经过值被复位。

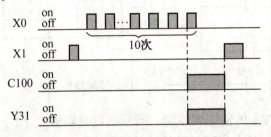

（4）描述

计数器是一种对预置值进行递减运算的计数器。

计数器的点数可以通过系统寄存器 5 修改。

注意：如果增加计数器的使用点数，就会减少可用定时器的点数。除 FP0 C10、C14、C16、C32 和 FP-e 以外的所有型号的模块，都可以有保持型和非保持型计数器。

保持型数据在 PLC 断电或由运行模式切换到编程模式时，仍然能被保留；而非保持型数据在这些情况下会被复位（清除）。可以通过系统寄存器 6 指定非保持型区域。当复位输入信号由 ON 变为 OFF 时，设定值区（SV）中的数值被预置到经过值区（EV）中。当复位输入信号为 ON 时，经过值被复位清零。当计数输入信号由 OFF 变为 ON 时，经过值从设定的数值开始递减；当经过值递减为 0 后，计数器的触点 Cn（n 为计数器编号）变为 ON。如果复位输入与计数输入信号在某一时刻同时变为 ON，则复位信号优先有效。如果在某一时刻计数输入信号上升而复位信号同时下降，则计数信号无效，执行预置经过值。在计数器指令之后可以直接使用 OT 指令。

（5）设置计数器

设定值可以设定为由 K0～K32767 的十进制常数（K 常数）。

（6）计数器的动作

以下是将 K 常数指定为设定值的示例（本示例所示为计数器的值指定为"100"的情况）。

① 若 PLC 模式切换到运行或在设为运行模式时接通电源，则计数器设定值传输至编号相同的设定值区（SV）。

② 在复位输入信号由 ON 变为 OFF 时，设定值区（SV）的数值被预置到经过值区（EV）。

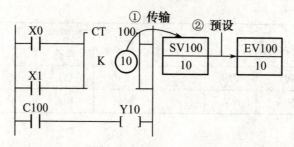

③ 每次计数输入信号 X0 闭合时，经过值区（EV）的数值递减。

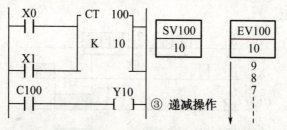

④ 当经过值区（EV）的值达到零时，同号的定时器触点（T）变为 ON。当经过值区（EV）的数值达到 0 时，具有相同编号的计数器触点（C）变为 ON。

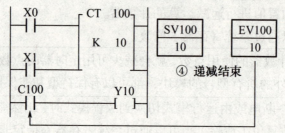

2. 使用计数器指令注意事项

（1）编程时的注意事项

当将计数器指令与"堆栈与 ANS"指令或"弹出堆栈 POPS"指令结合使用时，应注意语法是否正确。

（2）检测计数输入信号的注意事项

在计数指令中，当检测到计数输入信号由 OFF 到 ON 的变化时，进行递减操作。若计数输入信号继续保持 ON，则由于递减操作只在信号的上升沿执行一次，而不会进一步执行。因此，如果 PLC 切换到运行模式或运行模式下接通电源时，计数输入信号初始已经为 ON，则在第一次扫描周期内不会进行递减运算。

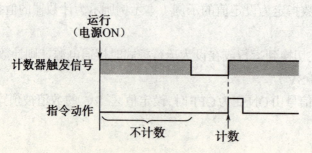

3. 直接指定设定值编号计数器的功能

1）直接指定设定值编号作为计数器设定值

对于 FP0 可以直接指定设定值区编号作为设定值 n。

```
   X0
   ├─┤──[F0  MV，K30，SV100   ]  ………①
   X1
   ├─┤──────────┬──CT    100
   X2           │
   ├─┤──────────┘  SV    100     ………②
  C100
   ├─┤──────────────────────( Y30 )
```

上述程序的工作方式如下：

（1）当触发器 X0 闭合时，执行数据转移指令 F0（MV），将 K30 设定到 SV100 中。

（2）当计数输入信号 X1 接通时，从设定值 30 开始进行递减运算。指定 n（设定值区 SV 的编号）应与计数器编号相同。

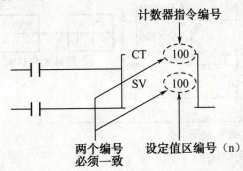

即使设定值（SV）中的数值在进行递减操作的过程中被修改，递减操作也仍然按照原有的数值继续进行。只有递减操作结束或被中断后，触发器随后由 OFF 变为 ON 时，计数器的动作才能从新设定的数值开始。设定值区 SV 为保持型时，在切断 PLC 电源或由运行模式切换到编程模式时不被复位。若在运行模式下改变 SV 的数值，则在下一次接通电源或由编程模式切换到运行模式时，该值可用作设定值。系统寄存器 6 用于指定非保持型区。

2）直接指定设定值区编号时的计数器动作

（1）当高级指令的触发器闭合时，数值被设置于设定值区（SV）。以下程序为使用高级指令 F0（MV）的示例。

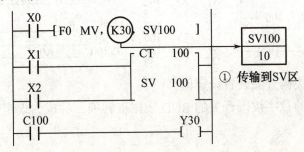

（2）当复位输入断开时，设定值区（SV）的数值被预置到经过值区（EV）。

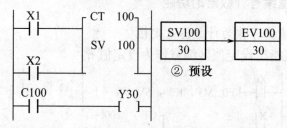

② 预设

（3）每次计数输入 X1 变为 ON 时，经过值区（EV）的数值递减。

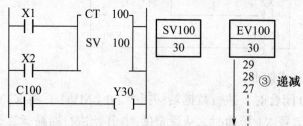

③ 递减

（4）当经过值区（EV）达到零时，具有相同编号的计数器触点 C 变为 ON。

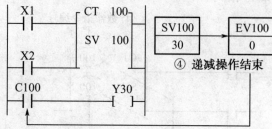

④ 递减操作结束

3）直接指定设定值区编号的示例
（1）根据指定条件改变设定值
X0 为 ON 时设定值为 K50，X1 为 ON 时设定值为 K30。

梯形图程序　　　　　　　　布尔形式　　　　　　　时序图

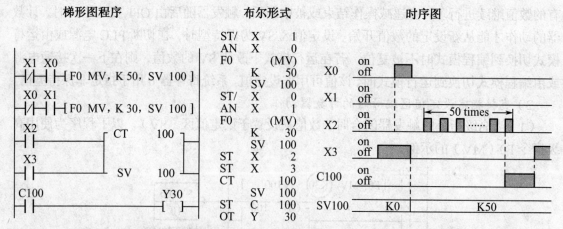

（2）由外部数字拨码开关设置设定值
与 X0~XF 相连的数字拨码开关的 BCD 数据被转换，并成为设定值。

连接示例	梯形图程序	布尔形式
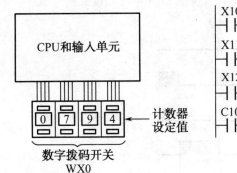	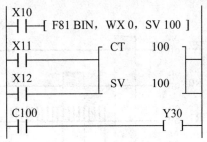	ST　　X　　10 F81　　　(BIN) 　　　　WX　　0 　　　　SV　　100 ST　　X　　11 ST　　X　　12 CT　　　　100 　　　　SV　　100 ST　　C　　100 OT　　Y　　30

五、知识拓展

加减记数指令：F119 UDC，设置加/减计数器。

1）程序示例

梯形图程序	布尔形式	
	地　址	指　令
R0 加/减计数 — 50 R1 计数输入 — 51 S→DT 10 R2 复位输入 — 52 D→DT 0 F118 UDC =, DT0, K0 — Y50	50 51 52 53 58 59	ST　　R　　0 ST　　R　　1 ST　　R　　2 F118　　(UDC) 　　DT　　10 　　DT　　0 ST　　R　　900B OT　　R　　50

S	存放计数器预置值的 16 位常数或 16 位区
D	计数器经过值 16 位区

2）操作数

操作数	继电器			定时器/计数器		数据寄存器	常数		索引变址
	WX	WY	WR	SV	EV	DT	K	H	
S	A	A	A	A	A	A	A	A	N/A
D	N/A	A	A	A	A	A	N/A	N/A	N/A

3）示例说明

表示设置初始值，当目标值为 0 时，R50 变为 ON。本程序示例可以用于控制指示灯，当增或减工件达到某一数量时，使灯变亮。

（1）当检测到复位信号 X2 的下降沿（ON→OFF）时，数据寄存器 DT10 中的数据被传输到 DT0 中。

（2）当 X0 处于 OFF 状态时，计数输入 X1 会使 DT0 的数值递减（减计数操作）。

（3）当 X0 处于 ON 状态时，计数输入 X1 会使 DT0 的数值递增（加计数操作）。

（4）当经过值 DT0=K0 时，特殊内部继电器 R900B（=标志）将变为 ON，并且内部继电器 R50 也为 ON。

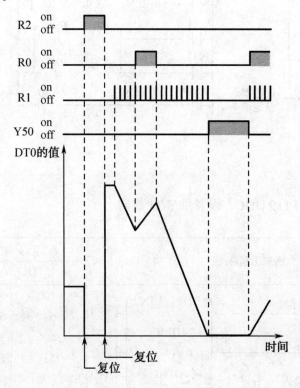

4）描述

根据用于指定加/减的输入信号的 ON/OFF 状态，计数器在加计数器和减计数器之间切换。将由 D 指定 16 位数据右移 1 个 digit（4 位）（向低位）。

（1）如果加/减输入信号为 ON，则作为加计数器（+1）使用；

（2）如果该信号为 OFF，则作为减计数器（-1）使用。

经过值存放在由 D 指定的区域中。当检测到复位信号的下降沿（ON→OFF）时，预置值被传输到 D。设定值的范围是 K-32768～K32767。

（3）当计数输入从 OFF 变为 ON 时（复位输入处于 OFF 状态），D 指定的数值被初始化，同时开始进行计数。

（4）当复位输入为 ON 时，经过值被清零。计数的结果可以利用比较指令，对经过值 D 与指定值进行比较确定。数据比较指令必须在本指令之后立即执行。

5）标志位状态

（1）=标志（R900B）：当经过值 D 被认为是 0 时，瞬间变为 ON。

（2）进位标志（R9009）：当经过值 D 为 K-1～K-32768 时，瞬间为 ON。

6）编程时的注意事项

如果经过值区被设置为保持型，则经过值会被保留。

在运算开始时，设定值不会被预置到经过值中。预置数值时，必须将复位信号输入从 ON 变为 OFF。

当将 F118（UDC）指令与堆栈与指令或弹出堆栈指令组合使用时，必须注意程序是否正确。

7）检测计数输入的注意事项

在 F118（UDC）指令中，当检测到计数输入信号 OFF→ON 的上升沿时移位。如果计数输入信号始终保持 ON 的状态，则只在上升沿移位。

当 PLC 切换到 RUN 模式或在 RUN 模式下接通电源时，如果输入信号已经处于 ON 的状态，则在第 1 扫描周期内不会移位。

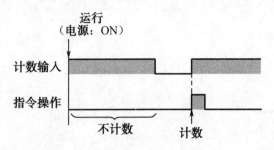

六、编程练习

根据下述的两种控制要求分别编制不带车辆计数和带车辆计数的自动送料装车系统的控制程序，并上机调试运行。

（1）初始状态与前面实验相同。当料不满（S1 为 OFF）时，灯灭，料斗开关 K2 关闭（OFF），灯灭，不出料，进料开关 K1 打开（K1 为 ON）进料，否则不进料。当汽车到来时 M3 运行，电动机 M2 在 M3 运行 2s 后运行，M1 在 M2 运行 2s 后运行，K2 在 M1 运行 2s 后打开出料，当料满后（用 S2 断开表示），电动机 M1 延时 2s 后关断，M2 在 M1 停 2s 后停止，M3 在 M2 停 2s 后停止。

（2）控制要求同（1），但增加每日装车数的统计和显示功能。

七、教学评价

根据相对应的教学大纲要求，实施操作练习考核。考核项目要按照教学大纲要求的评分标准进行。

项目四

控制指令及应用

终极目标：

能熟练使用控制指令来完成一些典型控制系统的改造和设计。

促成目标：

1. 能独立进行 PLC 在多工步机床控制系统的设计与接线；进行系统调试运行。
2. 能独立进行 PLC 在多机系统自动切换控制系统的设计与接线；进行系统调试运行。

模块1　PLC 在多工步机床控制系统中的应用

一、教学目标

终极目标：

能使用控制指令编程，实现用 PLC 构成多工步机床控制系统。

促成目标：

1. 掌握所给梯形图中使用的控制指令的功能；
2. 能通过实践操作分析验证控制指令的功能和系统功能；
3. 能仿照所给梯形图进行相似功能系统的编程。

二、工作任务

设计 PLC 控制的多工步机床控制系统。

三、实践操作

工业机床的控制在工业自动化控制中占有重要位置。在机床行业中，多工步机床由于其工步及动作多，控制较复杂，采用传统的继电器控制时，需要继电器多，接线复杂，因此故障多，维修困难，费工费时。采用 PLC 控制，可使接线大为简化，不但安装十分方便，而且保证了可靠性，减少了维修量，提高了工效。

某多工步机床是用于加工棉纺锭子锭脚的加工机床，其锭脚加工工艺比较复杂，零件加工前为实心坯件，整个机械加工过程由 7 个刀具分别按照 7 个工步要求依次进行切削。7 个工步依次是：钻孔、车平面、钻深孔、车外圆及钻孔、粗铰双节孔及倒脚、精铰双节孔、铰锥孔。各工步的动作分解如图 4-1 所示。

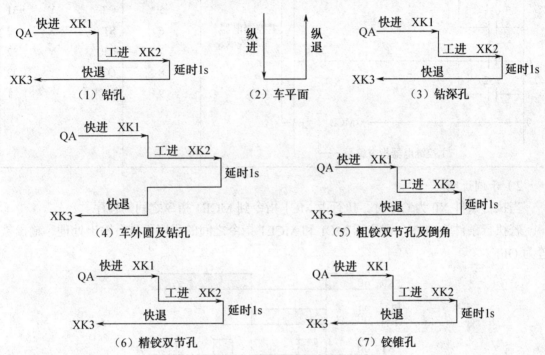

图 4-1 加工过程示意图

请结合该锭脚加工机床的工作过程，利用问题探究中的控制指令自行完成以下操作。
（1）分析系统功能，进行 I/O 分配，画 PLC 接线图；
（2）按 PLC 接线图进行控制回路接线；
（3）编写梯形图程序，通过编程软件写入 PLC；
（4）运行调试；
（5）将梯形图转换为指令表。

四、问题探究

控制指令如何选用和使用？

1. MC、MCE

MC：主控继电器，当执行条件为 ON 时，执行 MC 和 MCE 之间的程序。
MCE：主控继电器结束，当执行条件为 OFF 时，MC 和 MCE 之间的输出全部为 OFF。

1）程序示例

梯形图程序	布尔形式	
	地　　址	指　　令
	0	ST/　　X　　0
	1	MC　　　　　1
	3	ST　　　X　　1
	4	OR　　　Y　　31
	5	OT　　　Y　　31
	6	ST　　　X　　2
	7	OR　　　Y　　32
	8	OT　　　Y　　32
	9	MCE　　　　1

2）示例说明

当执行条件 X0 为 ON 时，执行由 MC1 指令到 MCE1 指令之间的程序。

若执行条件为 OFF，则位于 MC1 和 MCE1 指令之间的程序不进行输出处理，输出被置为 OFF。

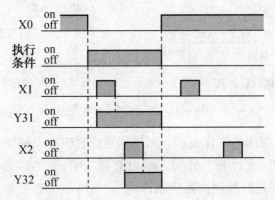

3）描述

当执行条件为 ON 时，执行 MC1 和 MCE1 之间的程序。当执行条件为 OFF 状态时，各指令的操作如下：

指　　令	输入和输出的状态
OT	全部 OFF
KP	保持原有状态
SET	保持原有状态
RST	保持原有状态
TM	复位
CT	保持原有状态

续表

指　　令	输入和输出的状态
SR	保持原有状态
微分	见下页
其他指令	不执行

4）MC 和 MCE 之间的微分指令的动作

如果微分指令位于 MC 和 MCE 之间，则输出将取决于 MC 指令的执行条件与微分指令的输入的时序。

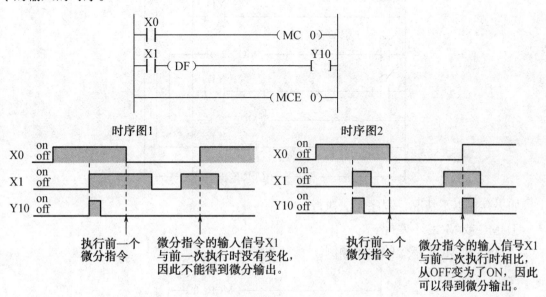

如果 MC 指令与微分指令使用同一个执行条件，则无法获得输出。如果需要得到输出，则应该在 MC 与 MCE 指令之外输入微分指令。

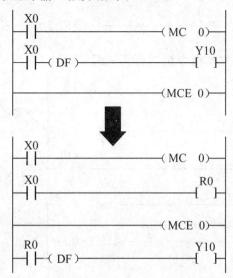

5）编程时的注意事项

在最初的 MC-MCE 指令之间，可以再嵌套次一级的 MC-MCE 指令。（嵌套次数无限制）

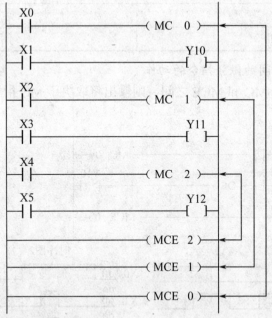

如果存在以下情况，程序无法执行：

① MC 或 MCE 不匹配。

② MC 和 MCE 指令的顺序颠倒。

③ 有两个或两个以上主控指令组具有相同编号。

2. JP n：跳转

跳转至与 JP 指令有相同编号的 LBL 指令。

1）程序示例

梯形图程序	布尔形式	
	地址	指令
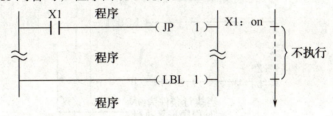	10	ST　　　X　　1
	11	JP　　　　　　1
	⋮	⋮
	20	LBL　　　　　1

2）示例说明

当执行条件 X1 闭合时，程序由 JP1 跳转至 LBL1。

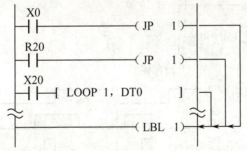

3）描述

当执行条件为 ON 时，程序跳转至与指定的跳转编号同号的标号（LBL）指令。程序随后执行从由作为跳转目标的标号的地址开始的指令。

JP、LOOP 和 F19（SJP）等指令都使用相同的标号，这些指令都可以作为跳转的起点。在程序中可以两个或更多的 JP 指令使用相同的标号。

```
  X0
──┤├──────────────( JP   1 )
  R20
──┤├──────────────( JP   1 )       在程序中不允许两个或多个LBL指令使用
  X20                              相同的标号。
──┤├──[ LOOP 1, DT0 ]              如果程序代码中没有作为跳转目标的标号，
                                   则会产生语法错误。
──────────────────( LBL  1 )
```

4）编程时的注意事项

如果 LBL 指令的地址位于 JP 指令的地址之前，则程序会进入死循环而无法终止，并且产生运算瓶颈错误。不能在步进梯形图程序区中（SSTP 和 STPE 之间）使用 JP 指令和 LBL 指令。不允许执行跳转从主程序进入子程序（子程序或中断程序位于 ED 指令之后），也不允许从子程序跳转至程序或一个子程序跳转至另一个子程序。

JP 和 LBL 指令之间的 TM、CT 及 SR 指令的动作：

（1）当 LBL 指令位于 JP 指令之后时

① TM 指令：TM 指令不被执行。如果该指令在一个扫描周期内未被执行，则不能保

证定时的时间精度。

② CT 指令：即使输入信号为 ON，也不进行计数，保留当前的经过值。

③ SR 指令：即使输入信号为 ON，也不进行移位，维持指定寄存器的状态。

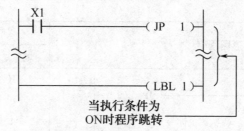

当执行条件为 ON 时程序跳转

（2）当 LBL 指令位于 JP 指令之前时

① TM 指令：由于在一个扫描周期内多次执行 TM，不能保证定时的时间精度。

② CT 指令：如果输入信号为 ON 的状态在一个扫描周期内没有改变，则按通常动作。

③ SR 指令：如果输入信号为 ON 的状态在一个扫描周期内没有改变，则按通常动作。

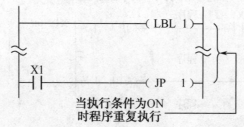

当执行条件为 ON 时程序重复执行

JP 与 LBL 指令之间的微分指令：在 JP 与 LBL 指令之间使用微分指令时，必须了解输出将如下所示，会随 JP 的执行条件和微分指令的输入时间而不同。

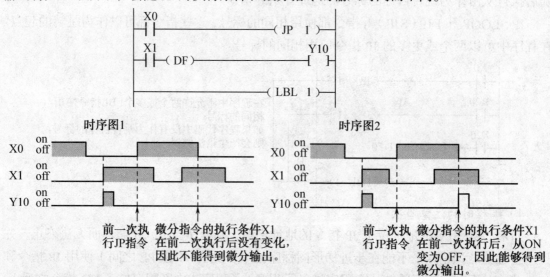

当 JP 指令的执行条件与微分指令的执行条件相同时，检测不到微分指令执行条件的上升沿（或下降沿）。因此，当需要有微分输出时，请不要在 JP 和 LBL 指令之间使用微分指令。

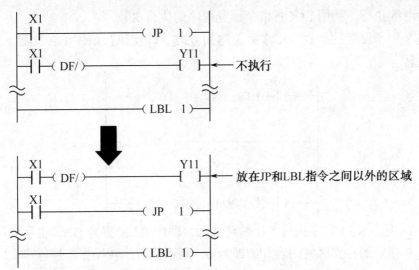

3. LOOP：循环指令

跳转至与 LOOP 指令具有相同编号的 LBL 指令，重复执行其后的程序部分，直至指定的操作数的数值变为"0"。

1）程序示例

梯形图程序		布尔形式		
		地　址	指　　令	
(梯形图：10 X0 —[F0 MV, K5, DT 0] ; 16 —(LBL ①)— 标号 ; 30 X1 —[LOOP ①, DT 0] 循环次数 标号)		10	ST	X　　0
		11	F0	(MV)
			K	5
			DT	0
		16	LBL	1
		⋮		
		30	ST	X　　1
		31	LOOP	1
			DT	0
S	设置循环操作次数的16位数据区域			

2）操作数

指令	继电器			定时器/计数器		数据寄存器	常数		索引变址	
	WX	WY	WR	SV	EV	DT	K	H	IX	IY
设定值	N/A	A	A	A	A	A	N/A	N/A	A	A

3）描述

（1）当执行条件（触发器）变为 ON 时，S 中的数值将减 1，并且如果结果不为 0，程序将跳转到与指定编号相同的标号（LBL 指令）。然后，程序从作为循环目标的标号所在的指令开始继续执行。利用 LOOP 指令设置程序的执行次数。

（2）当 S 中所设置的次数（K 常数）达到 0 时，即使执行条件（触发器）为 ON，也不会执行跳转。

```
    X0
    ├┤────┤ F0  MV, K5, DT 0 ├
                                 
                         ─( LBL  1 )─
    ～                                          ～
    X1
    ├┤────┤ LOOP 1, DT 0 ├
```

若 DT0 的值为 K5，则在执行 5 次跳转之后，即使 X1 被置为 ON，也不会执行跳转运算。如果由 S 指定的存储区的内容开始即为 0，则不执行跳转操作（被忽略）。一个标号可以被 JP 指令、LOOP 指令和 F19（SJP）指令共同使用。某个标号允许被所有的指令作为目标多次使用。不允许在程序中有两个或多个 LBL 指令使用相同的编号。如果程序代码中没有作为循环目标的标号，则会产生语法错误。

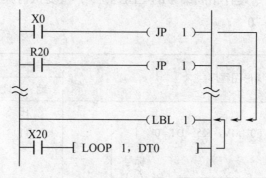

4）标志状态

一个标号可以被 JP 指令、LOOP 指令和 F19（SJP）指令共同使用。某个标号允许被所有的指令作为目标多次使用。若 DT0 的值为 K5，则在执行 5 次跳转之后，即使 X1 被置为 ON，也不会执行跳转运算。

（1）错误标志（R9007）：当数据区 S 中指定的数值小于 0[指定数据的最高位（bit15）为 1]时，本标志变为 ON 并且保持。

（2）错误标志（R9008）：当数据区 S 中指定的数值小于 0[指定数据的最高位（bit15）为 1]时，本标志瞬时为 ON。

LOOP 和 LBL 指令之间的 TM、CT 及 SR 指令的动作：

（1）当 LBL 指令位于 LOOP 指令之后时

① TM 指令：TM 指令不被执行。如果该指令在一个扫描周期内未被执行，则不能保证定时的时间精度。

② CT 指令：即使输入信号为 ON，也不进行计数。保留当前的经过值。

③ SR 指令：即使输入信号为 ON，也不进行移位。维持指定寄存器的状态。

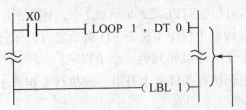

当执行条件（触发）为ON时，程序跳转

（2）当LBL指令位于LOOP指令之前时

① TM指令：如果在一个扫描周期内多次执行TM，不能保证定时的时间精度。
② CT指令：如果输入信号为ON的状态在一个扫描周期内没有改变，则按通常动作。
③ SR指令：如果输入信号为ON的状态在一个扫描周期内没有改变，则按通常动作。

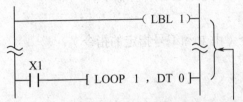

当执行条件（触发）为ON时，程序重复执行

5）编程时的注意事项

当标号在程序中的地址位于LOOP指令之前时，要注意以下几点。

（1）必须确保在LBL和LOOP指令之间的区域之前，有设置循环的次数的指令。

（2）将需要被重复执行的指令放置在LBL和LOOP指令之间，这样可以使这些指令与LOOP指令具有相同的触发器。

（3）在重复执行过程中，有可能由于运算堵塞而使一次扫描超出限制时间，并且产生运算瓶颈错误。

示例1 当X5为ON时，执行5次F0（MV）指令。

```
    X5
    ├┤──[ F0 MV, K 5, DT 0 ]
                                (LBL 10)
    X5
    ├┤──[ F0 MV, WR 0, DT 10 ]
         [ F0 MV, WR 1, DT 20 ]
         [ LOOP 10, DT 0 ]
```

示例2 将DT100的值发送到DT200至DT219。

```
    R0
    ├┤──[ F0 MV, K 20, DT 0 ]
         [ F0 MV, K 0, IX     ]
                                (LBL 10)
    R0
    ├┤──[ F0 MV, DT100, IXDT200 ]
         [ F35 +1, IX           ]
         [ LOOP 10, DT 0        ]
```

（4）在步进梯形图区（SSTP 与 STPE 之间的区域）中，不能使用 LOOP 指令和 LBL 指令。

（5）不允许从主程序跳转到子程序（位于 ED 指令之后的子程序或中断程序）、从子程序跳转到主程序或从一个子程序跳转到另一个子程序。

（6）以下的指令在检测到执行条件的上升沿会被执行（相当于微分指令），因此在使用时必须注意。

① DF（上升沿微分）；

② CT 指令的计数输入（计数器）；

③ F118 的计数输入（增/减计数指令）；

④ 指令 SR 的移位输入（移位寄存器）；

⑤ 指令 F119 的移位输入（左/右移位寄存器）；

⑥ NSTP（下一级步进）；

⑦ 微分执行型高级指令（由 P 和编号指定的指令）。

4．ED：结束

表示常规程序的结束

1）程序示例

梯形图程序	布尔形式	
	地　址	指　令
（梯形图：0 行 X0/R0 并联，X1 常闭，R0 输出；96 行 R0、X2 串联，Y30 输出；99 行 ED）	0	ST　　X　　0
	1	OR　　R　　0
	2	AN/　 X　　1
	3	OT　　R　　0
	⋮	⋮
	96	ST　　R　　0
	97	AN　　X　　2
	98	OT　　Y　　30
	99	ED

2）描述

表示常规程序的结束。

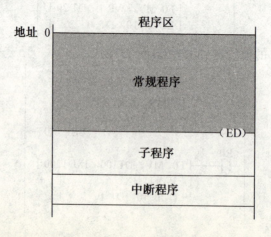

使用本指令，可将程序区划分为常规程序区（主程序）和"子程序"与"中断程序"区（子程序）。应在 ED 指令之后输入子程序和中断程序。

5. CNDE：条件结束

当执行条件（触发器）为 ON 时，程序的一次扫描结束。

1）程序示例

梯形图程序	布尔形式		
	地　址	指　　令	
	0	ST	X	0
	1	OR	Y	30
	2	AN/	X	1
	3	OT	Y	30
	⋮	⋮		
	96	ST	X	3
	97	CNDE		
	98	ST	R	0
	99	AN/	X	2
	100	OT	Y	31

2）描述

CNDE 指令能够结束对程序的一次扫描。当执行条件（触发器）闭合时，程序结束并且进行输入、输出和其他操作。操作完成后，程序回到开始地址。可以调节运算的时间，可以在所需地址的程序扫描完成之后结束。

CNDE 指令不能在子程序或中断程序中执行。仅能在主程序区使用 CNDE 指令。

在主程序内，可使用两个或多个 CNDE 指令。

在使用下列指令之一时，必须注意这些指令是在检测到执行条件（触发器）的上升沿时执行。

① DF（上升沿微分）；

② CT（计数器）的计数输入；

③ F118（UDC）（加/减计数器）的计数输入；

④ SR（移位寄存器）的移位输入；

⑤ F119（LRSR）（左/右移位寄存器）的移位输入；

⑥ NSTP（下一级步进）；

⑦ 微分执行型高级指令（由 P 和编号指定的指令）。

6. SSTP、NSTL、NSTP、CSTP、STPE

SSTP：指定步进程序的开始。

NSTL：启动指定步进程序。若触发器闭合，则每次扫描都执行 NSTL。

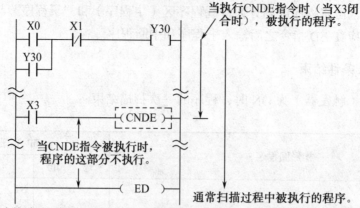

NSTP：启动指定的步进程序。当检测到触发器的上升沿时，执行 NSTP。
CSTP：将指定的过程复位。
STPE：指定步进程序区的结束。

1）程序示例

梯形图程序	布尔形式		
	地 址	指 令	
10 —X0— (NSTP 1)	10	ST	X 0
14 (SSTP 1)	11	NSTP	1
17 (Y10)	14	SSTP	1
18 —X1— (NSTL 2)	17	OT	Y 10
22 (SSTP 2)	18	ST	X 1
	19	NSTL	2
	22	SSTP	2
	⋮	⋮	
100 —X3— (CSTP 50)	100	ST	X 3
104 (STPE)	101	CSTP	50
	104	STPE	

2）描述

当执行到 NSTL 指令或 NSTP 指令时，将开始执行由 SSTP 指令所指定的编号的步进过程。在步进梯形图程序中，某个步进过程是由 SSTP 指令到下一个 SSTP 指令或 STPE 指令之间的程序指定的。

示例

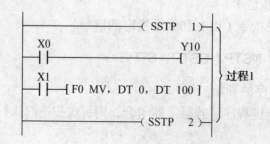

(1) 控制操作

可以方便地进行顺序控制、选择分支控制、并行分支控制等操作。

① 顺序控制。按次序进行切换和只执行所需要的过程。

② 选择分支控制。根据不同的条件，选择并执行相应的过程。

③ 并行分支控制。同步执行多项过程。各个过程执行结束后，执行下一过程。

(2) 步进梯形图指令语法

① SSTP（步进程序开始）指令：本指令指定过程 n 的起始地址。

SSTP 指令应始终位于过程 n 的程序的起始地址处。

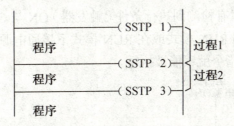

在步进梯形图程序中，由一个 SSTPn 指令至下一个 SSTP 或 STPE 指令之间的部分被认为是过程 n。两个过程不能使用相同的过程编号。

在 SSTP 指令后，可以直接编写 OT 指令。

在子程序（子程序或中断程序区）中不能编写 SSTP 指令。

由第一个 SSTP 指令开始到 STPE 指令为止的区域，被视为步进梯形图程序区。本区中的所有程序均作为过程进行控制。其他区域的程序作为通常的梯形图程序进行处理。

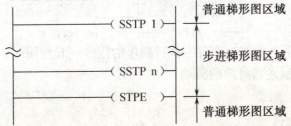

有一个特殊的内部继电器，它只在步进程序中的一个过程开始时，才闭合一个扫描周期（R9015：步进程序初始脉冲继电器）。该继电器用于只产生一个扫描周期的动作、进

行计数器复位或启动其他过程等。

② NSTL（下步步进程序，扫描执行型）和NSTP[（下步步进程序，微分（脉冲）执行型）]指令：当执行到NSTLn指令或NSTPn指令时，会进入与NSTP或NSTL指令具有相同过程编号"n"的过程。下步步进指令的执行条件（触发器）表示过程开始的执行条件（触发器）。

```
   X0
───┤├──────────────────────( NSTP 1 )──    X0: OFF → ON
                                                ↓
                           ─( SSTP 1 )──    SSTP1: 开始

   R0
───┤├──────────────────────( NSTL 2 )──    R0: ON
                                                ↓
                           ─( SSTP 2 )──    SSTP1: 清除
                                            SSTP2: 开始
```

在常规梯形图程序区中指明下一步步进程序指令中首先执行的过程。可以从常规梯形图程序区或已经开始执行的过程，开始执行一个过程。但是，当利用下一步步进程序指令、从另一个过程中间开始一个过程时，当前正在处理的、包含下一步步进程序指令的过程将被自动清除，开始执行指定的过程。请确认输出和其他的过程在下一个扫描内确实被清除。

NSTP指令是一个微分（脉冲）执行型指令，因此只在执行条件（触发器）变为ON时执行一次。此外，因为只有检测到执行条件（触发器）ON与OFF之间的变化才会动作，所以，如果当PLC切换到RUN模式或在RUN模式下接通电源时，执行条件（触发器）已经处于ON的状态，本指令就不能被执行。

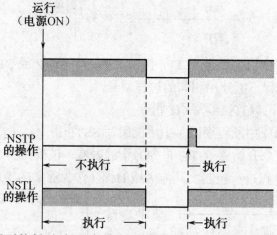

当NSTP指令与下列能够改变程序执行顺序的指令一起使用时，必须了解各指令的动作会受到指令执行和触发器时序的影响。

a. MC 至 MCE 指令；
b. JP 至 LBL 指令；
c. F19（SJP）至 LBL 指令；
d. LOOP 至 LBL 指令；

e. CNDE 指令；

f. 步进梯形图指令；

g. 子程序指令。

当 NSTP 与"堆栈逻辑与 ANS"和"弹出堆栈 POPS"指令组合使用时，应注意编程是否正确。

③ CSTP（清除步进过程）指令：执行 CSTP 指令时，带有相同过程编号"n"的过程被清除。本指令可用于清除最终过程或在执行并行分支控制时清除过程。一个过程可以从常规梯形图程序区中清除，或从一个已经开始的执行过程中清除。

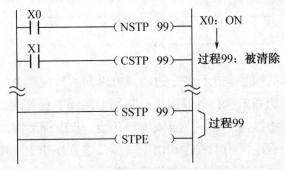

注释：STPE（步进结束）指令表示步进梯形图区的结束。必须在最后的过程的结束处编写本指令。因此步进梯形图程序中最后的过程是由 SSTP 至 STPE 的部分。

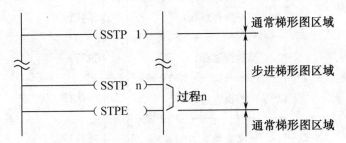

在以上示例中，过程 n 为最后的过程。

STPE 指令在主程序中只使用一次（不能在子程序或中断程序中使用本指令编程）。

3）编程时的注意事项

无需按照过程编号的顺序对过程进行编程。在步进梯形图程序中，不能使用下列指令：

① 转移指令（JP 和 LBL）；

② 循环指令（LOOP 和 LBL）；

③ 主控指令（MC 和 MCE）；

④ 子程序指令（SUB 和 RET）[调用（CALL）指令可以在步进梯形图程序内使用]；

⑤ 中断指令（INT 和 IRET）；

⑥ ED 指令；

⑦ CNDE 指令。

当需要清除步进梯形图程序中所有的过程时，应使用主控（MC 和 MCE）指令，如下所示。

示例1 X0变为ON时，所有过程均被清除。

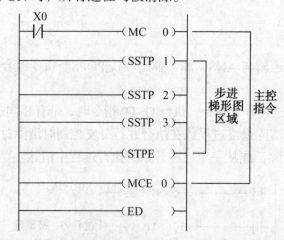

不必按照过程编号的顺序来执行各个过程。可以同时执行两个或两个以上的过程。当一个已在一过程中编程但尚未执行的输出进行强制ON/OFF操作时，即使强制ON/OFF状态被取消，输出状态也将维持不变，直至该过程开始。步进梯形图动作在编制了步进梯形图程序后，常规梯形图程序区中的程序和由下一步步进程序指令（NSTL 或 NSTP）触发的过程将被处理执行，而未被触发的过程将被忽略。

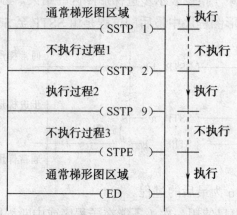

在以上程序中，程序执行常规梯形图区和过程2。

在进入步进过程的瞬间，步进程序内部脉冲继电器R9015将在第一个扫描周期内立即变为ON，并且仅保持一个扫描周期。可以利用R9015对计数器进行复位或对寄存器进行移位。过程的执行状态（启动/停止）存储在特殊数据寄存器中：

机　　型	特殊数据寄存器
FP0 C10,C14,C16,C32/FP1/FP-M	DT9060～DT9067
FP3	DT9060～DT9122
FP0 T32	DT90060～DT90067
FPΣFP2/FP2SH/FP10SH	DT90060～DT90122

示例 2 过程 No.16 至过程 No.31 的启动状态。

位址	15	·	·	12	11	·	·	8	7	·	·	4	3	·	·	0
过程号	31	·	·	28	27	·	·	24	23	·	·	20	19	·	·	16
DT9061/DT90061	0	0	0	0	0	0	0	1	0	0	0	0	0	0	0	0

注：当 DT9061/DT90061 的第 8 位为 "1" 时，表示过程 No.24 正处于启动状态。

关于过程清除的说明：如果在一个正在执行的进程中执行下一步步进指令，那么该过程会自动清除。但是，只有到下一次扫描才会产生实际的清除动作。因此，对于过程过渡期间的一次扫描而言，将有两个被执行的过程同时存在。如果不需要在同一时刻有两个过程存在，应该编写内部互锁回路。如果由于硬件响应的延时而允许同时存在两个过程，则也可以考虑采取硬件延时响应的方法。

若过程被清除，则该过程中的指令运行方式如下：

指　　令	操 作 状 态
OT	全部 OFF
KP	保持状态
SET	保持状态
RST	保持状态
TM	经过值和定时器触点输出复位
CT	保持触发器变为 OFF 之前时刻的状态
SR	保持触发器变为 OFF 之前时刻的状态
DF 和 DF/(*)	记忆执行条件（触发器）的状态
其他指令	不执行

（*）与 MC 指令的执行状态（触发器）变为 OFF 时的运行方式相同，请参考 MC 和 MCE 指令说明。

本程序重复相同过程，直至一特殊过程中的工作完成。然后在本过程完成后，立即切换到下一步步进过程。编程时在各个过程中使用 NSTL 指令作为进入下一步的触发器。当执行到 NSTL 指令时,下一个过程被激活,而当前正在执行的过程则被清除。不必按照编号的次序执行过程,也可以利用 NSTL 指令,根据当前的条件触发前一个过程。

五、知识拓展

步进指令的顺序控制、选择分支过程控制、并行分支合并过程控制。

1. 一个过程的顺序控制

1)步进梯形图指令示例

在使用以下指令时必须注意,因为这些指令(如微分指令)在检测到执行条件(触发器)的上升沿时被执行。

(1)DF 指令;
(2)CT 指令的计数输入;
(3)F118(UDC)指令的计数输入;
(4)SR 指令的移位输入;
(5)F119(LRSR)指令的移位输入;
(6)NSTP 指令;
(7)微分执行型高级指令(这些指令由 P 和指令编号指定)。

2)程序示例

(1)当 X10 为 ON 时,执行过程 10。
(2)当 X11 为 ON 时,清除过程 10,执行过程 11。
(3)当 X12 为 ON 时,清除过程 11,执行过程 12。
(4)当 X14 为 ON 时,清除过程 12,并且结束步进

3)梯形图程序

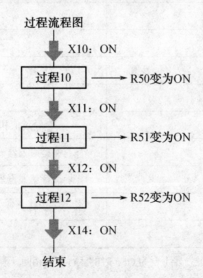

4）程序

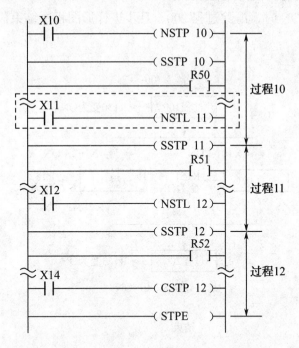

5）时序图

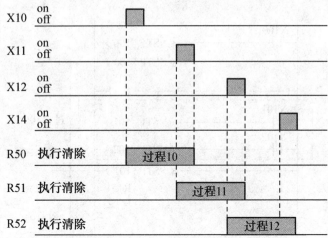

本程序根据某一指定过程的动作和结果，选择并且切换进入下一个过程。每个过程将循环执行直至工作完成。在一个过程中使用两个或多个 NSTL 指令触发下一个过程。根据不同的执行条件，选择不同的分支作为下一个过程触发并且执行。

2．过程的选择分支控制

1）程序示例

（1）当 X100 为 ON 时，执行过程 100。

（2）在过程 100 执行中，如果 X101 为 ON 则执行过程 101；如果 X102 为 ON，则执行过程 102。

（3）在过程 101 执行中，如果 X103 为 ON，则清除过程 101，执行过程 200；如果 X104

为 ON，则清除过程 102，执行过程 200。

（4）当 X200 为 ON 时，清除过程 200，且步进梯形图程序结束。

2）过程流程图

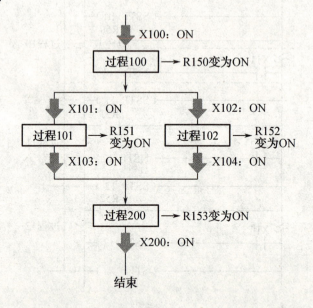

3）程序

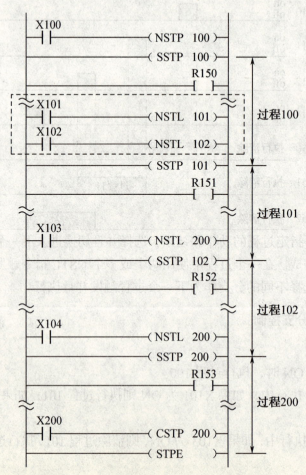

4)时序图

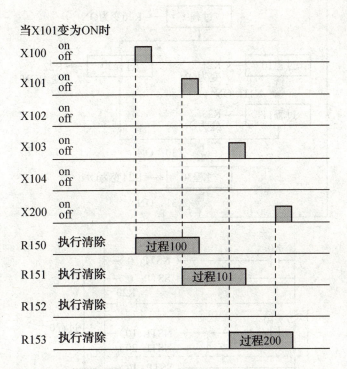

3. 过程的并行分支控制

本程序同时触发多个过程，在每个分支过程结束其任务之后，这些过程将在进入执行下一过程之前重新合并。编程时在某个过程中将多个 NSTL 指令用于一个触发器。将各过程合并时，在向下一过程传送条件时应包含一个表示其他过程状态的标志。在合并这些过程并执行下一个过程时，应同时将所有未被清除的过程清除。

1）程序示例

（1）当 X0 为 ON 时，执行过程 0。

（2）当 X10 为 ON 时，清除过程 0、同时执行过程 10 和过程 20（并行分支控制）。

（3）当 X11 为 ON 时，清除过程 10、执行过程 11。

（4）当 X30 为 ON 时，清除过程 11 和过程 20，激活过程 30（合并分支控制）。

① 利用清除指令清除过程 20。

② 清除过程 11 并且执行过程 30。

（5）当 X31 为 ON 时，清除过程 30，再次执行最初的过程 0。

2）过程流程图

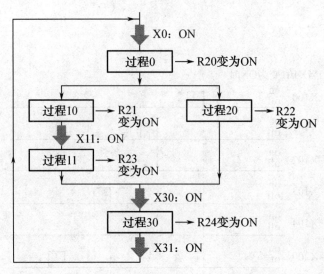

3）程序

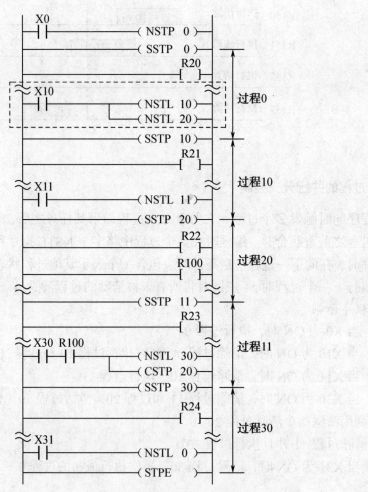

4）时序图

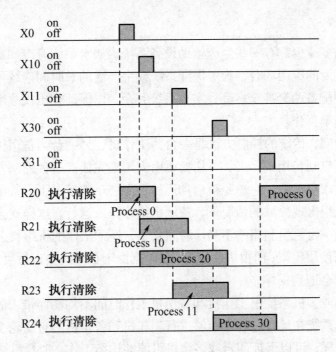

六、操作练习

请利用跳转指令完成实践操作。

七、教学评价

根据相对应的教学大纲要求，实施操作练习考核。考核项目要按照教学大纲要求的评分标准进行。

模块2 PLC在多机系统自动切换控制中的应用

一、教学目标

终极目标：

能使用控制指令编程，实现用PLC构成多机系统自动切换控制。

促成目标：

1. 掌握所给梯形图中使用控制指令的功能；
2. 能通过实践操作分析验证控制指令的功能和系统功能；
3. 能仿照所给梯形图进行相似功能系统的编程。

二、工作任务

设计用PLC构成多机系统自动切换控制系统。

三、实践操作

在企业中，或多或少都有一些生产辅助设备系统，如水系统有冷却水泵、真空泵、渗漏泵等。在一些重要的应用场合，为了保证系统或生产线的长时间连续可靠地运行，这些辅助设备往往需要配备两套甚至多套，实现系统冗余，以保证在出现故障时，水系统还能够实现连续不间断地工作。

以双机系统为例，传统的控制方法是一台为工作机，另一台为备用机，在工作机出现故障时，可以立即启动备用机，工、备切换要由人工来完成。这种控制方法下，作为工作机的机组在系统要求启动时，它总是被启动运行；而在正常情况下，备用机组是不会运行的。只有在工作机组出现故障的情况下，备用机组才投入运行。这样就会造成一台机组工作过于频繁，而另一台机组利用率不高。时间长了，经常工作的机组就会由于机械磨损等因素而缩短设备的使用年限；而很少使用的一台，则由于长时间不运行可能引起设备锈蚀、电气故障等，同样会遭到损坏。

为了解决双机或多机系统中工作机和备份机工作时间不均衡而带来的问题，提高设备使用效率，可以使系统在运行过程中能够进行工作机和备份机的自动轮换，使它们交替使用，互为备用；这样，可以保证两台或多台机组能够均衡工作，避免机械及电气故障的发生，从而延长设备的使用寿命及维修周期。

本例介绍如何用 PLC 来实现双机和多机系统的自动切换控制。解决传统双机系统人工切换方式的缺陷，关键在于如何使系统的两台机组工作均衡，也就是说系统能够实现工作机和备份机的自动轮换。

以下，以两台渗漏泵系统为例来说明这一问题的解决方法。

渗漏泵是工厂作为排污、排涝作用的重要辅助设备。在双机系统中，当集水井的水位达到高位时，系统启动工作泵进行抽水；水位恢复正常时工作泵停止工作，同时将此时的工作泵自动转为备用泵，而备用泵则自动转为工作泵，并做好下一次启动准备。当系统再次要求启动时，所启动的工作泵就是前一次工作时的备用泵，而前一次的工作泵此时则作为备用泵在等待工作，其工作流程如图 4-2 所示。如此反复，实现了双机轮流工作，可以达到工作上的均衡。

按照上图所示工作流程，利用问题探究中的控制指令自行完成以下操作。
（1）分析系统功能，进行 I/O 分配，画 PLC 接线图；
（2）按 PLC 接线图进行控制回路接线；
（3）设计梯形图程序，并通过编程软件写入 PLC；
（4）运行调试；
（5）将梯形图转换为指令表。

四、问题探究

子程序调用指令如何使用？
CALL：执行指定的子程序。

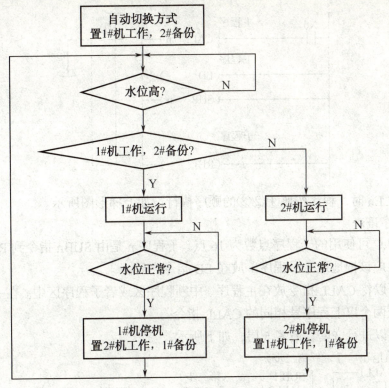

图 4-2 双机系统工作流程

SUB：表示子程序的开始。
RET：表示子程序的结束。

1）程序示例

梯形图程序	布 尔 形 式	
	地　　址	指　　令
10 ─┤X0├──(CALL ①)─	10	ST　　X　　0
子程序编号	11	CALL　　1
20 ──────(ED)─	⋮	⋮
	20	ED
21 ──────(SUB ①)─ 子程序	21	SUB　　1
30 ──────(RET)─	⋮	⋮
	30	RET

2）描述

当执行条件（触发器）为 ON 时，执行 CALL 指令，并且从 SUB 指令处开始执行指定编号的子程序。

当子程序执行到 RET 指令时，程序返回到 CALL 指令之后的主程序并且继续执行主程序。

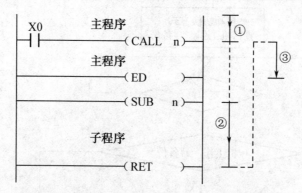

执行 CALLn 时，程序按照①②③的顺序执行，如上梯形图所示。

3）子程序语法

FP0 型 PLC 可使用的子程序点数为 16 点。子程序 n 是由 SUBn 指令到 RET 指令之间的程序。始终应该把地址（子程序）放在 ED 指令之后。

编程时可以将 CALL 指令放在主程序、中断程序区或者子程序区中。在一个程序中可以指定两个或两个以上程序号相同的 CALL 指令。

子程序可以进行嵌套，最多 5 层，如下所示。

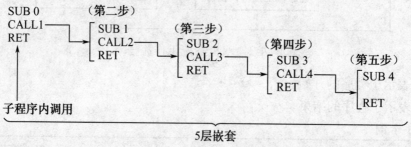

4）标志位状态

（1）错误标志（R9007）：当进行第五层嵌套并对第五层嵌套的子程序执行 CALL 指令时，变为 ON 并且保持。

（2）错误标志（R9008）：当进行第五层嵌套并对第五层嵌套的子程序执行 CALL 指令时，瞬间变为 ON。

5）编程时的注意事项

（1）在中断程序中，不能使用子程序。

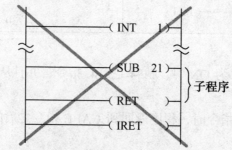

（2）在子程序中，不能使用中断程序。

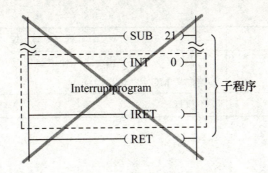

（3）对于 FP0，不能在一个子程序内编写另一个子程序。

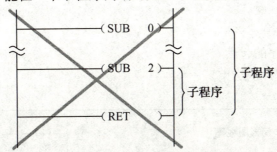

（4）在子程序中使用以下指令时必须注意，因为这些指令（如微分指令）在检测到执行条件（触发器）的上升沿时被执行。

① DF 指令；
② CT 指令的计数输入；
③ F118（UDC）指令的计数输入；
④ SR 指令的移位输入；
⑤ F119（LRSR）指令的移位输入；
⑥ NSTP 指令；
⑦ 微分执行型高级指令（这些指令由 P 和指令编号指定）。

当 CALL 指令执行条件（触发器）为 OFF 时，若 CALL 指令的执行条件（触发器）为 OFF 状态时，不执行子程序（与主控指令或步进梯形图程序相同）。当 CALL 指令的执行条件（触发器）为 OFF 状态时，子程序中的指令的动作如下表所示。

指　令	操 作 状 态
OT	保持状态
KP	保持状态
SET	保持状态
RST	保持状态
TM	不执行任何操作。如果不能在每个扫描周期执行一次定时器指令，则不能保证准确的定时
CT	保持经过值
SR	保持经过值

续表

指　令	操　作　状　态
DF 和 DF/	与在 MC 和 MCE 指令之间使用微分指令时的动作相同。请参考 MC 和 MCE 指令
其他指令	不执行

五、知识拓展

中断指令

1. INT、IRET

INT：表示中断程序的起点。

IRET：表示中断程序的结束。

1）程序示例

梯形图程序	布尔形式	
	地　址	指　令
20——(ED)—	20	ED
21——(INT 0)—	21	INT　0
中断程序编号	⋮	⋮
26——(IRET)—	26	IRET

2）描述

（1）当产生中断输入时，开始执行由 INT 指令起始的指定编号的中断程序。

（2）当中断程序到达 IRET 指令时，程序返回中断发生时的地址，恢复运行主程序。

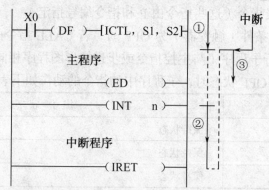

（3）当中断发生时，按如上梯形图所示的①②③顺序执行程序。在缺省设置下，所有的中断程序无效并且不被执行。应当使用 ICTL 指令设置允许执行中断程序。

（4）中断程序的语法：中断程序 n 是在 INTn 指令与 IRET 指令之间的程序。中断程序必须全部放置在 ED 指令之后。中断程序的编号取决于中断类型，见下表。

中断程序编号	中断输入	高速计数器设置	
		FP0/FP∑/FP-e	FP1/FP-M
INT0	X0	CH0	CH0
INT1	X1	CH1	
INT2	X2	—	
INT3	X3	CH2	
INT4	X4	CH3	
INT5	X5	—	
INT6	X6	—	
INT7	X7	—	
INT24		定时中断	

（5）对于FP0，INT5~INT7（输入X5~X7）不能使用。

3）中断程序的执行

中断有三种类型。

① 输入（触发器）触点产生的中断（INT0~INT5），在由系统寄存器403指定的输入信号（触发器）出现上升沿（ON）或下降沿（OFF）时产生中断。

② 高速计数器-启动中断（INT0、INT1、INT3、INT4），在执行指令F166或指令F167时，当高速计数器经过值等于设定目标值时，产生中断。

③ 定时中断（INT24），以固定的时间间隔产生中断。

（1）用ICTL指令设定时间间隔。

① 在10ms~30s的范围内，以10ms为单位进行设置（ICTL S1=H2）；

② 在0.5ms~1.5s的范围内，以0.5ms为单位进行设置（ICTL S1=H3）。

（2）当产生中断时，执行带有对应编号的中断程序。

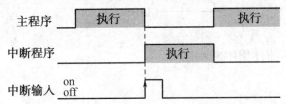

（3）如果中断被禁止，则只有在使用ICTL指令使中断有效的时刻才会产生中断。

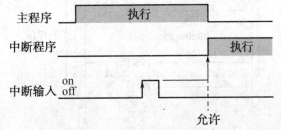

（4）当正在执行另一个中断程序时，只有在当前正在执行的中断程序结束之后才会产生中断。

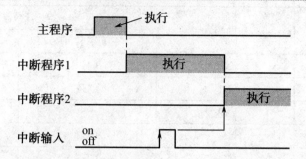

4）对各类型中断进行编程时的注意事项

如果缺少 INT 指令或 IRET 指令（不匹配），则会产生语法错误。当中断产生时，对应于中断输入触点的运算存储器尚未进行 I/O 刷新。因此，应将中断输入触点以外的触点（如常闭触点继电器 R9010）作为中断程序中的执行条件使用。

（1）在中断程序中不能使用子程序。

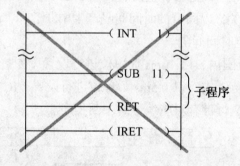

（2）在子程序中不能使用中断程序。

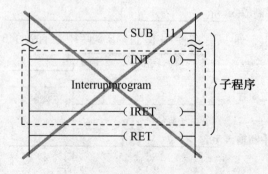

（3）在中断程序中不能包含其他中断程序。

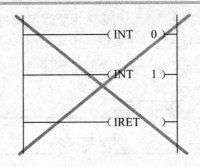

当同时出现一个以上的中断时,首先执行编号较小的中断程序。其他程序被置于等待执行状态。当第一个中断程序结束后,将按编号顺序由小到大执行其他程序。

示例1

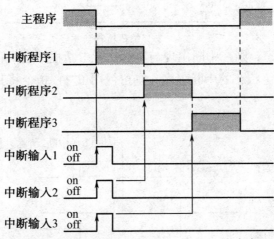

当正在执行一个中断程序时,如果同时出现一个以上的中断,则在当前的中断程序执行结束后,按编号顺序由小到大执行其他程序。

示例2

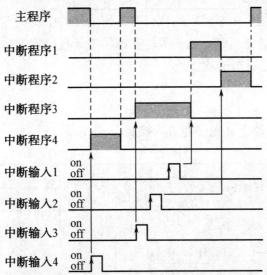

在上面示例中,在 INT3 程序的执行过程中,INT2 输入先于 INT1 出现。但是当 INT3 程序结束之后,先执行 INT1 程序,然后再执行 INT2 程序。

（4）中断程序等待执行状态和清除。当多个中断程序同时出现，或在一个中断程序的执行过程中出现新的中断程序时，优先级较低的中断程序将处于等待执行状态。随后，当其他中断程序完成后，再按优先级顺序来执行这些程序。

示例 1

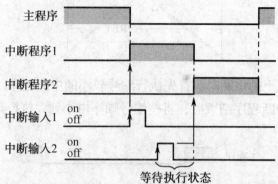

若置于等待执行状态，则在中断出现与实际执行中断程序之间存在一个时间差。如果因此而不想执行处于等待状态的中断程序，则可使用 ICTL 指令将其清除。被清除的中断程序将不被执行。

示例 2

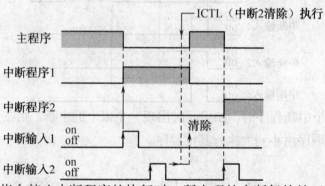

当使用 ICTL 指令禁止中断程序的执行时，所出现的中断仍然处于等待执行状态。当使用 ICTL 指令允许执行中断时，处于等待状态的中断程序将被执行。处于等待执行状态的程序可使用 ICTL 指令进行清除。

2．ICTL

ICTL：进行中断的禁止、允许和清除控制。

1）程序示例

梯形图程序	布尔形式	
	地址	指令
0 ─┤X10├─(DF)─[ICTL, H 0, H 1] S1 S2	0	ST X 10
	1	DF
	2	ICTL
		H 0
		H 1

续表

梯形图程序		布尔形式	
		地 址	指 令
S1	设定中断控制的 16 位常数或 16 位数据区		
S2	设定中断触发条件的 16 位常数或 16 位数据区		

2）操作数

操作数	继电器			定时器/计数器		数据寄存器	常数		索引变址		索引修正值
	WX	WY	WR	SV	EV	DT	K	H	IX	IY	
S1	A	A	A	A	A	A	A	A	A	A	A
S2	A	A	A	A	A	A	A	A	A	A	A

3）描述

当执行 ICTL 指令时,根据 S1 和 S2 中的设置来设定中断程序的禁止/允许和清除中断。应该使用 DF 指令，使 ICTL 指令只在执行条件（触发器）的上升沿被执行一次。两个或两个以上的 ICTL 指令可以有相同的执行条件（触发器）。

注意：在执行中断程序之前，必须利用 ICTL 指令允许执行中断程序。

4）运行中改写程序时的注意事项

若在 RUN 模式下正在使用中断功能时改写程序，则中断程序将被禁止执行。ICTL 指令应被再次用于允许执行中断程序。

示例1　设置定时中断，从运行开始每 10ms 执行一次中断程序（RUN 中改写程序后，再次允许中断）。

```
    R9013
    ─┤├─────[ ICTL, H2, K1    ]    每10ms执行一次INT24
    R9034
    ─┤├─
```

R9013（初始脉冲继电器）仅在开始运行后的第一个扫描周期内为 ON。

示例2　当 X0 出现上升沿时，允许执行 INT0~INT3。

```
    X0
    ─┤├──( DF )──[ ICTL, H0, HF  ]    X0：ON时，允许执行INT0~INT3
```

示例3　在 INT0 程序执行结束以后清除 INT0 以外的中断。

```
                    ─( INT  0 )─
    R0
    ─┤/├──[ ICTL, H100, H1    ]       在INT0程序执行结束以后
                                      清除INT0以外的中断
                    ─( IRET )─
```

5）指定控制数据

S1：指定控制功能和中断类型。

Bit position	15 · · 12	11 · · 8	7 · · 4	3 · · 0
S1				

选择控制功能
H00：中断操作允许/禁止控制
H01：中断触发器复位控制

选择中断类型
H00：中断0～中断7
H02：中断24（10ms单位）
H03：中断24（0.5ms单位）

① 设 S1=H0，指定禁止或允许 INT0～INT7。

② 设 S1=H100，清除中断 INT0～INT7。

③ 设 S1=H2，设定 INT24 的时间间隔（以 10ms 为单位）。

④ 设 S1=H3，设定 INT24 的时间间隔（以 0.5ms 为单位）。

S2：指定中断的控制。

（1）禁止或允许执行中断程序（当 S1=H0 或 S1=H1 时），在需要控制的中断程序的编号的对应位中设置控制数据。

① 将需要允许的中断程序的编号的对应位设置为"1"（允许中断）。

② 将需要禁止的中断程序的编号的对应位设置为"0"（禁止中断）。

示例 设置如下时，允许中断 INT1 和 INT2，禁止中断 INT0 和 INT3～INT7。

Bit position	15 · · 12	11 · · 8	7 · · 4	3 · · 0
INT program number	15 14 13 12	11 10 9 8	7 6 5 4	3 2 1 0
S2(Enabled/disabled)	0 0 0 0	0 0 0 0	0 0 0 0	0 1 1 0

（2）清除中断程序（当 S1=H100 或 S1=H101 时），在需要控制的中断程序的编号的对应位中设置控制数据。

① 将需要清除的中断程序的编号的对应位设置为"0"（禁止中断）。

② 将不需要清除的中断程序的编号的对应位设置为"1"（允许中断）。

示例 设置如下时，清除中断 INT0～INT2，不清除中断 INT3～INT7。

Bit position	15 · · 12	11 · · 8	7 · · 4	3 · · 0
INT program number	15 14 13 12	11 10 9 8	7 6 5 4	3 2 1 0
S2(Enabled/disabled)	0 0 0 0	0 0 0 0	1 1 1 1	1 0 0 0

（3）指定定时中断（当 S1=H2 时）以十进制设置。

① 时间间隔= S2×10（ms）；

Bit position	15 · · 12	11 · · 8	7 · · 4	3 · · 0
S2				

K0～K3000

② 时间间隔设置：K1～K3000（10ms～30s）；

③ 禁止中断 INT24：K0。

（4）指定定时中断（当S1=H3时）以十进制设置。

① 时间间隔= S2×0.5（ms）；

Bit position	15 · · 12	11 · · 8	7 · · 4	3 · · 0
S2				

K0～K3000

② 时间间隔设置：K1～K3000（0.5ms～1.5s）；

③ 禁止中断 INT24：K0。

（5）允许中断程序执行的示例。

示例

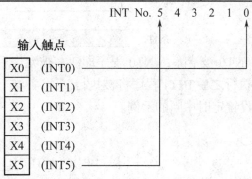

[S1]：H0000，指定禁止或允许执行对应于外部输入或到达目标值时产生的中断程序。

[S2]：H0021，允许 INT0 和 INT5（将 bit0 和 5 置为"1"），禁止全部其他中断。

Bit position	15 · · 12	11 · · 8	7 · · 4	3 · · 0
S2	0 0 0 0	0 0 0 0	0 0 1 0	0 0 0 1

INT No. 5 4 3 2 1 0

输入触点
X0	(INT0)
X1	(INT1)
X2	(INT2)
X3	(INT3)
X4	(INT4)
X5	(INT5)

设置为"1"的数位所对应的外部中断被允许。执行 ICTL 指令后，如果出现中断程序 INT0 和 INT5 所对应的中断输入，则执行 INT0 或 INT5。

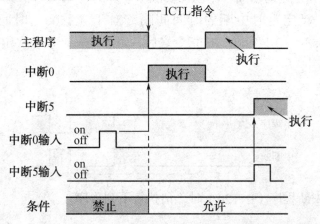

（6）清除中断程序的示例。

示例

```
┤├─(DF)─[ ICTL, H100, HFE ]
              S1─┘       │
              S2─────────┘
```

[S1]：H100，清除对应于外部输入或到达目标值时产生的中断。
[S2]：HFE，清除中断INT0（将bit0置为"0"），不清除其他全部中断。
当中断程序被禁止时，即使发生INT0中断输入，也可以使用ICTL指令清除INT0中断。

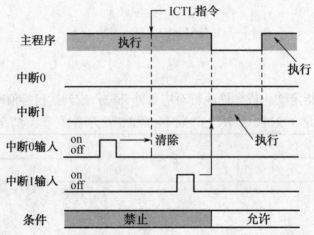

由于INT0被清除，INT0程序即使在被允许后也不被执行。因为INT1未被清除，所以在允许执行之后INT1程序将被执行。

（7）设置定时中断的示例。

示例

```
┤├─(DF)─[ ICTL, H2, K1500 ]
              S1─┘      │
              S2────────┘
```

[S1]：H0002。指定定时中断（单位：10ms）。
[S2]：K1500，指定定时中断的时间间隔，对于K1500，时间间隔为K1500×10ms=15000ms（15s）。在执行ICTL指令之后，每隔15s产生一次定时中断。此时，将执行INT24中断程序。

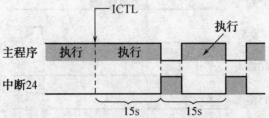

需要停止定时中断程序（INT24）时，请执行下列程序。

```
    ┤├──( DF )──[ ICTL，H2，K0   ]
```

六、操作练习

利用控制指令完成多机系统自动切换控制系统。

七、教学评价

根据相对应的教学大纲要求，实施操作练习考核。考核项目要按照教学大纲要求的评分标准进行。

项目五 比较指令及应用

教学目标

终极目标：

能熟练使用比较指令来完成一些典型控制系统的改造和设计。

促成目标：

1. 能独立进行谷物烘干机控制系统的设计与接线；进行系统调试和运行。
2. 能独立进行邮件分拣控制系统的设计与接线；进行系统调试和运行。

模块1 谷物烘干机

一、教学目标

终极目标：

能使用比较指令进行编程，实现用 PLC 构成谷物烘干机。

促成目标：

1. 掌握所给梯形图中使用比较指令的功能；
2. 能通过实践操作分析验证比较指令的功能和系统功能；
3. 能仿照所给梯形图进行相似功能系统的编程。

二、工作任务

设计 PLC 控制的谷物烘干机。

三、实践操作

随着农业产业化进程的推进，农业机械自动化水平不断提高，PLC 在其中的应用也不断增加。以谷物烘干机为例，当前各种形式的谷物烘干机源源不断地推向市场，要实现它的自动控制，可用传统的电气控制，也可用单片机控制，还可用 PLC 控制。本文主要探讨用 PLC 对燃油循环式谷物烘干机进行自动控制，实现谷物烘干全过程，即进粮、循环烘干、出粮的自动控制。

谷物烘干的工艺流程可以用如图 5-1 所示的工艺流程来描述。主要过程包括以下几个方面。

（1）谷物经送料斗进入提升机，在此判断其所含水分是否超标；

（2）如果超标，则经上铰龙、调质仓和干燥仓进行烘干处理，再经排粮仓和上铰龙返回提升机。

（3）对于烘干后的谷物，再判断其所含水分是否超标。如果所含水分达标，则排粮管排出，进行打包；如果所含水分仍未达标，则进行循环烘干。

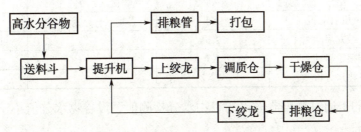

图 5-1　谷物烘干工艺流程

根据谷物烘干机的工作流程，系统主要有谷物水分检测和燃烧机的控制。水分检测每隔一定时间要进行将检测到的谷物水分与给定值比较，如果检测谷物水分不大于谷物水分给定值，则控制燃烧机熄火，反之则控制燃烧机点火燃烧。

本模块重点讨论谷物烘干机的热风循环自动控制部分，其程序流程框图如图 5-2 所示。

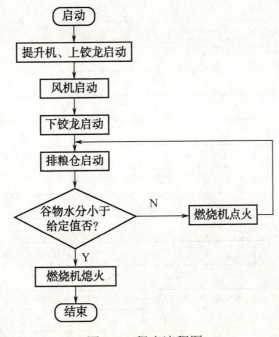

图 5-2　程序流程图

1. 分析系统功能，进行 I/O 分配

根据谷物烘干机的功能，每台谷物烘干机有 1 只水分检测器、1 只数显表。总的输入点为开关量 9 点，模拟量 1 点，输出点为开关量 6 点。PLC 的 I/O 分配见表 5-1。

表 5-1 PLC 的 I/O 分配

序号	输入元件	输入地址	输出元件	输出地址
1	进料按钮	X0	提升机、上绞龙启停	Y0
2	通风循环按钮	X1	风机启停	Y1
3	热风循环按钮	X2	下绞龙启停	Y2
4	急停按钮	X3	排粮轮启停	Y3
5	提升机、上绞龙启动否	X4	燃烧机（点火）控制	Y4
6	风机启动否	X5	谷物水分达标报警	Y5
7	下绞龙启动否	X6		
8	排粮轮启动否	X7		
9	谷物水分检测	WX2		

WX2 保存的是通过拨码器输入的谷物水分检测值，设谷物水分值小于 10H 时达标。

2. 按 I/O 分配进行控制回路接线

3. 将所给梯形图通过编程软件写入 PLC

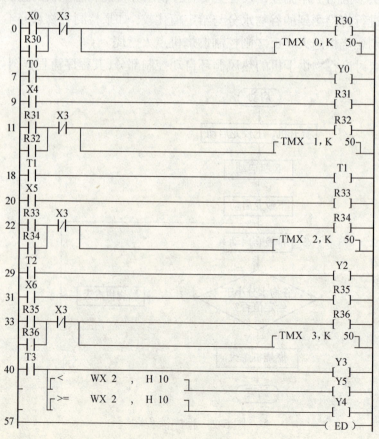

4. 运行调试

5. 将梯形图转换为指令表

```
 0  ST    X     0
 1  OR    R    30
 2  AN/   X     3
 3  OT    R    30
 4  TMX         0
    K          50
 7  ST    T     0
 8  OT    Y     0
 9  ST    X     4
10  OT    R    31
11  ST    R    31
12  OR    R    32
13  AN/   X     3
14  OT    R    32
15  TMX         1
    K          50
18  ST    T     1
19  OT    Y     1
20  ST    X     5
21  OT    R    33
22  ST    R    33
23  OR    R    34
24  AN/   X     3
25  OT    R    34
26  TMX         2
    K          50
29  ST    T     2
30  OT    Y     2
31  ST    X     6
32  OT    R    35
33  ST    R    35
34  OR    R    36
35  AN/   X     3
36  OT    R    36
37  TMX         3
    K          50
40  ST    T     3
41  PSHS
42  OT    Y     3
43  RDS
44  AN    <
    WX          2
    H          10
49  OT    Y     5
50  POPS
51  AN    >=
    WX          2
    H          10
56  OT    Y     4
57  ED
```

四、问题探究

总结归纳常用的比较指令有哪些？功能是什么？

1. ST=、ST<>、ST>、ST>=、ST<、ST<=

ST=：相等时初始加载；

ST<>：不等时初始加载；

ST>：大于时初始加载；

ST>=：大于等于时初始加载；

ST<：小于时初始加载；

ST<=：小于等于时初始加载。

将两个字数据（16bit）项进行比较作为运算条件。根据比较的结果，触点闭合或断开。

1）程序示例

梯形图程序	布尔形式	
	地址	指令

0 ─[= , DT 0 , K 50]─ Y30
      S1   S2
6 ─[>= , DT 0 , K 60]─ Y31
      S1   S2
	0	ST=

		DT 0
		K 50
	5	OT Y 30
	6	ST>=
		DT 0
		K 60
	11	OT Y 31
S1	被比较的16位常数或存放常数的16位数据区	
S2	被比较的16位常数或存放常数的16位数据区	

2）操作数

操作数	继电器			定时器/计数器		数据寄存器	常数		索引变址		索引修正值
	WX	WY	WR	SV	EV	DT	K	H	IX	IY	
S1	A	A	A	A	A	A	A	A	A	A	A
S2	A	A	A	A	A	A	A	A	A	A	A

3）示例说明

分别将数据寄存器 DT0 的内容与 K50 和 K60 进行比较。若 DT0=K50，则外部输出继电器 Y30 为 ON；若 DT0≥K60，则外部输出继电器 Y31 为 ON。

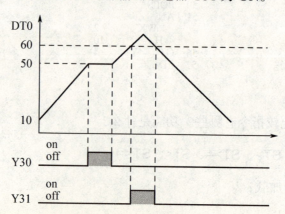

4）描述

根据比较条件，将由 S1 指定的字数据与由 S2 指定的字数据进行比较。当比较结果为某一指定状态（=、<、>等）时，ST 指令启动连接触点的逻辑运算。

比较运算的结果如下：

比较指令	条件		
	S1<S2	S1=S2	S1>S2
ST=	OFF	ON	OFF
ST<>	ON	OFF	ON
ST>	OFF	OFF	ON
ST>=	OFF	ON	ON
ST<	ON	OFF	OFF
ST<=	ON	ON	OFF

注：<>表示≠，>=表示≥，<=表示≤。

5）有关使用的注意事项

（1）编程时，比较指令 ST=、ST<>、ST>、ST>=、ST<和 ST<=应从母线开始。

（2）当与 BCD 或其他类型的数据混合使用时，如果最高位为 1 时则数据被视为负数，并且不能得到正确的比较结果。在此情况下，在进行比较之前应使用 F81（B1N）指令或其他类似指令将数据变为二进制数据。

6）标志位状态

（1）错误标志（R9007）：当使用索引寄存器变址指定的区域超出范围时，变为 ON 并且保持。

（2）错误标志（R9008）：当使用索引寄存器变址指定的区域超出范围时，瞬间变为 ON。

2. STD=、STD<>、STD>、STD>=、STD<、STD<=

STD=：相等时初始加载；

STD〈〉：不等时初始加载；

STD>：大于时初始加载；

STD>=：大于等于时初始加载；

STD<：小于时初始加载；

STD<=：小于等于时初始加载。

在比较条件下，通过比较两个双字数据来执行初始加载运算。继电器接点的 ON/OFF 状态取决于比较结果。

1）程序示例

梯形图程序	布尔形式	
	地 址	指 令
	0	STD=
		DT 0
		DT 100
	9	OT Y 30
	10	STD>
		DT 0
		DT 100
	19	OT Y 31
S1	被比较的32位常数或存放32位常数的低16位数据区	
S2	被比较的32位常数或存放32位常数的低16位数据区	

2）操作数

操作数	继电器			定时器/计数器		数据寄存器	常数		索引变址		索引修正值
	WX	WY	WR	SV	EV	DT	K	H	IX	IY	
S1	A	A	A	A	A	A	A	A	A	N/A	A
S2	A	A	A	A	A	A	A	A	A	N/A	A

3）示例说明

将数据寄存器（DT1、DT0）与数据寄存器（DT101、DT100）的内容进行比较。若（DT1、DT0）=（DT101、DT100），则外部输出继电器 Y30 为 ON，若（DT1、DT0）>（DT101、DT100），则外部输出继电器 Y31 为 ON。

4）描述

根据比较条件，比较由 S1 及 S1+1 指定的双字数据和由 S2 及 S2+1 指定的双字数据。当比较结果为某一指定状态（=、<、>等）时，STD 指令启动连接触点的逻辑运算。

比较运算的结果如下：

比较指令	条件		
	[S1+1,S1]<[S2+1,S2]	[S1+1,S1]=[S2+1,S2]	[S1+1,S1]>[S2+1,S2]
STD=	OFF	ON	OFF
STD<>	ON	OFF	ON
STD>	OFF	OFF	ON
STD>=	OFF	ON	ON
STD<	ON	OFF	OFF
STD<=	ON	ON	OFF

注：<>表示≠，>=表示≥，<=表示≤。

当处理 32 位数据时，低 16 位的数据（S1、S2）被指定后，高 16 位的数据（S1+1、S2+1）将自动强制确定。

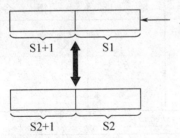

5）有关使用的注意事项

编程时，比较指令 STD=、STD<>、STD>、STD>=、STD<和 STD<=应从母线开始。当与 BCD 或其他类型的数据混合使用时，如果最高位为 1 时则数据被视为负数，并且不能得到正确的比较结果。在此情况下，在进行比较之前应使用 F83（DB1N）指令或其他类似指令将数据变为二进制数据。

6）标志位状态

（1）错误标志（R9007）：当使用索引寄存器变址指定的区域超出范围时，变为 ON 并且保持。

（2）错误标志（R9008）：当使用索引寄存器变址指定的区域超出范围时，瞬间变为 ON。

五、知识拓展

多条件比较的与、或运算指令

1. AN=、AN<>、AN>、AN>=、AN<、AN<=

AN=：相等时逻辑与；

AN<>：不等时逻辑与；

AN>：大于时逻辑与；

AN>=：大于等于时逻辑与；

AN<：小于时逻辑与；

AN<=：小于等于时逻辑与。

将两个字数据（16bit）项进行比较作为 AND 逻辑的运算条件。根据比较的结果，触点闭合或断开，与其他触点串联。

1）程序示例

梯形图程序	布尔形式	
	地址	指令
X0 [>=, DT 0, K 60] Y30 S1 S2	0	ST X 0
	1	AN>=
		DT 0

续表

梯形图程序	布尔形式	
	地 址	指 令
0 ─┤X0├─[>=, DT 0, K 60]─(Y30)─ 　　　　　S1　　S2	6	K　　　60 OT　　　30
S1	被比较的16位常数或存放常数的16位数据区	
S2	被比较的16位常数或存放常数的16位数据区	

2）操作数

操作数	继电器			定时器/计数器		数据寄存器	常数		索引变址		索引修正值
	WX	WY	WR	SV	EV	DT	K	H	IX	IY	
S1	A	A	A	A	A	A	A	A	A	A	A
S2	A	A	A	A	A	A	A	A	A	A	A

3）示例说明

当X0闭合时，将数据寄存器DT0的内容与常数K60进行比较。在X0为闭合的状态下，如果DT0≥K60，则外部输出继电器Y30为ON。如果DT0<K60或者X0处于断开状态，则外部输出继电器Y30为OFF。

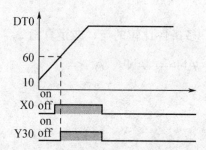

4）描述

根据比较条件，比较由S1指定的字数据和由S2指定的字数据。当比较结果为某一指定状态（=、<、>等）时，AN指令作用于串联的触点。

比较运算的结果如下：

比较指令	条　件		
	S1<S2	S1=S2	S1>S2
ST=	OFF	ON	OFF
ST<>	ON	OFF	ON
ST>	OFF	OFF	ON
ST>=	OFF	ON	ON
ST<	ON	OFF	OFF

续表

比较指令	条件		
	S1<S2	S1=S2	S1>S2
ST<=	ON	ON	OFF

注：<>表示≠，>=表示≥，<=表示≤。

5）有关使用的注意事项

多个 AND（逻辑与）比较指令 AN=、AN<>、AN>、AN>=、AN<和 AN<=可以连续使用。若与 BCD 码或其他类型的数据混合使用，则当最高位为 1 时数值为负数，且不能得到正确的比较结果。

在此情况下，请在进行比较之前使用 F81（BIN）指令或其他类似指令将数据转换为二进制数据。

6）标志位状态

（1）错误标志（R9007）：当使用索引寄存器变址指定的区域超出范围时，变为 ON 并且保持。

（2）错误标志（R9008）：当使用索引寄存器变址指定的区域超出范围时，瞬间变为 ON。

2. AND=、AND<>、AND>、AND>=、AND<、AND<=

AND=：相等时逻辑与；

AND<>：不等时逻辑与；

AND>：大于时逻辑与；

AND>=：大于等于时逻辑与；

AND<：小于时逻辑与；

AND<=：小于等于时逻辑与。

将两个双字数据（32bit）项进行比较作为 AND 逻辑的运算条件。根据比较的结果，触点闭合或断开。与其他触点串联。

1）程序示例

梯形图程序	布尔形式	
	地址	指令
X0　[D>=, DT 0, DT 100]　Y30 　　　　S1　　S2	0	ST=　　X　　0
	1	AND>=
		DT　　　　0
		DT　　　100
	10	OT　　Y　　30
S1	被比较的 32 位常数或存放 32 位常数的低 16 位数据区	
S2	被比较的 32 位常数或存放 32 位常数的低 16 位数据区	

2）操作数

操作数	继电器			定时器/计数器		数据寄存器	常数		索引变址		索引修正值
	WX	WY	WR	SV	EV	DT	K	H	IX	IY	
S1	A	A	A	A	A	A	A	A	A	N/A	A
S2	A	A	A	A	A	A	A	A	A	N/A	A

3）示例说明

当 X0 闭合时，将数据寄存器（DT1、DT0）的内容与数据寄存器（DT101、DT100）的内容进行比较。

当 X0 闭合时，如果（DT1、DT0）≥（DT101、DT100），则外部输出继电器 Y30 为 ON。若（DT1、DT0）<（DT101、DT100）或 X0 处于断开状态，则外部输出继电器 Y30 为 OFF。

4）描述

根据比较条件，比较由 S1 及 S1+1 指定的双字数据和由 S2 及 S2+1 指定的双字数据。当比较结果为某一指定状态（=、<、>等）时，AN 指令作用于串联的触点。

比较运算的结果如下：

比较指令	条件		
	[S1+1,S1]<[S2+1,S2]	[S1+1,S1]=[S2+1,S2]	[S1+1,S1]>[S2+1,S2]
AND=	OFF	ON	OFF
AND<>	ON	OFF	ON
AND>	OFF	OFF	ON
AND>=	OFF	ON	ON
AND<	ON	OFF	OFF
AND<=	ON	ON	OFF

注：<>表示≠，>=表示≥，<=表示≤。

在处理 32 位的数据时，指定低 16 位区（S1、S2）后，将自动确定高 16 位区（S1+1、S2+1）。

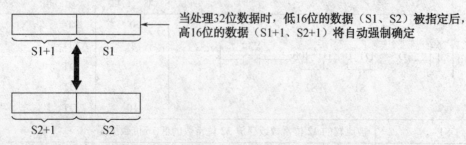

当处理32位数据时，低16位的数据（S1、S2）被指定后，高16位的数据（S1+1、S2+1）将自动强制确定

5）有关使用的注意事项

多个 AND（逻辑与）指令 AND=、AND<>、AND>、AND>=和 AND<=可以连续使用。若与 BCD 码或其他类型的数据混合使用，则当最高位为 1 时数据为负值，并且不能得到

正确的比较结果。

在此情况下，请在进行比较之前，使用F83（DBIN）指令或其他类似指令将数据转换为二进制数据。

6）标志位状态

（1）错误标志（R9007）：当使用索引寄存器变址指定的区域超出范围时，变为ON并且保持。

（2）错误标志（R9008）：当使用索引寄存器变址指定的区域超出范围时，瞬间变为ON。

3. OR=、OR<>、OR>、OR>=、OR<、OR<=

OR=：相等时逻辑或；

OR<>：不等时逻辑或；

OR>：大于时逻辑或；

OR>=：大于等于时逻辑或；

OR<：小于时逻辑或；

OR<=：小于等于时逻辑或。

将两个字数据（16bit）项进行比较作为OR逻辑的运算条件。根据比较的结果决定触点闭合或断开。与其他触点并联。

1）程序示例

梯形图程序	布尔形式	
	地址	指令

X0   Y30
0 ─┤├────────────( )─
  └[>=, DT 0, K 60]┘
         S1   S2
	0
	1
	
	6
		ST= X 0
		OT Y 30
		OR>=
		      DT 0
		      K 60

S1	被比较的16位常数或存放常数的16位数据区	
S2	被比较的16位常数或存放常数的16位数据区	

2）操作数

操作数	继电器			定时器/计数器		数据寄存器	常数		索引变址		索引修正值
	WX	WY	WR	SV	EV	DT	K	H	IX	IY	
S1	A	A	A	A	A	A	A	A	A	A	A
S2	A	A	A	A	A	A	A	A	A	A	A

3）示例说明

当 X0 处于闭合状态或 DT0≥K60 时，Y30 为 ON；当 DT0<K60 且 X0 处于断开状态时，Y30 为 OFF。

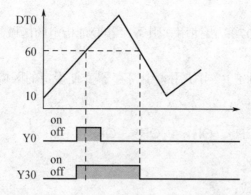

4）描述

根据比较条件，将由 S1 指定的字数据与由 S2 指定的字数据进行比较。当比较结果为某一指定状态（=、<、>等）时，OR 指令作用于并联的触点。

比较运算的结果如下：

比较指令	条件		
	S1<S2	S1=S2	S1>S2
ST=	OFF	ON	OFF
ST<>	ON	OFF	ON
ST>	OFF	OFF	ON
ST>=	OFF	ON	ON
ST<	ON	OFF	OFF
ST<=	ON	ON	OFF

注：<>表示≠，>=表示≥，<=表示≤。

5）有关使用的注意事项

编程时，OR 比较指令 OR=、OR<>、OR>、OR>=、OR<和 OR<=应从母线开始书写。

多个 OR 比较指令 OR=、OR<>、OR>、OR>=、OR<和 OR<=可以连续使用。若与 BCD 码或其他类型的数据混合使用，则当最高位为 1 时，数据为负值，并且不能得到正确的比较结果。在此情况下，请在进行比较之前，使用 F81（BIN）指令或其他类似指令将数据转换为二进制数据。

6）标志位状态

（1）错误标志（R9007）：当使用索引寄存器变址指定的区域超出范围时，变为 ON 并且保持。

（2）错误标志（R9008）：当使用索引寄存器变址指定的区域超出范围时，瞬间变为 ON。

4. ORD=、ORD<>、ORD>、ORD>=、ORD<、ORD<=

ORD=：相等时逻辑或；

ORD<>：不等时逻辑或；

ORD>：大于时逻辑或；

ORD>=：大于等于时逻辑或；

ORD<：小于时逻辑或；

ORD<=：小于等于时逻辑或。

将两个双字数据（32bit）项按照比较条件进行比较，通过比较结果控制 OR 运算。根据比较的结果，确定触点的 ON 或 OFF，与其他触点并联。

1）程序示例

梯形图程序	布 尔 形 式	
	地 址	指 令
(X0)——(Y30) [D>=, DT 0, DT 100] S1 S2	0 1 10	ST= X 0 OT Y 30 ORD>= DT 0 DT 100
S1	被比较的 32 位常数或存放 32 位常数的低 16 位数据区	
S2	被比较的 32 位常数或存放 32 位常数的低 16 位数据区	

2）操作数

操作数	继电器			定时器/计数器		数据寄存器	常数		索引变址		索引修正值
	WX	WY	WR	SV	EV	DT	K	H	IX	IY	
S1	A	A	A	A	A	A	A	A	A	N/A	A
S2	A	A	A	A	A	A	A	A	A	N/A	A

3）示例说明

将数据寄存器（DT1、DT0）的内容与数据寄存器（DT101、DT100）的内容进行比较。当 X0 闭合或者（DT1、DT0）≥（DT101、DT100）时，外部输出继电器 Y30 为 ON。当（DT1、DT0）<（DT101、DT100）并且 X0 处于断开状态时，外部输出继电器 Y30 为 OFF。

4）描述

根据比较条件,将由 S1 及 S1+1 指定的双字数据与由 S2 及 S2+1 指定的双字数据进行比较。当比较结果为某一指定状态（=、<、>等）时，ORD 指令作用于并联连接的触点。

比较运算的结果如下：

比 较 指 令	条 件		
	[S1+1,S1]<[S2+1,S2]	[S1+1,S1]=[S2+1,S2]	[S1+1,S1]>[S2+1,S2]
ORD=	OFF	ON	OFF

续表

比较指令	条件		
	[S1+1,S1]<[S2+1,S2]	[S1+1,S1]=[S2+1,S2]	[S1+1,S1]>[S2+1,S2]
ORD<>	ON	OFF	ON
ORD>	OFF	OFF	ON
ORD>=	OFF	ON	ON
ORD<	ON	OFF	OFF
ORD<=	ON	ON	OFF

注：<>表示≠，>=表示≥，<=表示≤。

处理 32 位数字时，指定低 16 位区（S1、S2）后，会自动确定高 16 位区（S1+1、S2+1）。

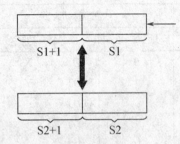

5）有关使用的注意事项

编程时，OR 比较指令 ORD=、ORD<>、ORD>、ORD>=、ORD<和 ORD<=应从母线开始书写。

多个 OR 比较指令 ORD=、ORD<>、ORD>、ORD>=、ORD<和 ORD<=可以连续使用。若与 BCD 码或其他类型的数据混合使用，则当最高位为 1 时，数据为负值，并且不能得到正确的比较结果。在此情况下，请在进行比较之前，使用 F83（DBIN）指令或其他类似指令将数据转换为二进制数据。

6）标志位状态

（1）错误标志（R9007）：当使用索引寄存器变址指定的区域超出范围时，变为 ON 并且保持。

（2）错误标志（R9008）：当使用索引寄存器变址指定的区域超出范围时，瞬间变为 ON。

六、操作练习

利用比较指令对水分检测的值进行判断，设水分检测值小于等于 10 达标，试完成谷物烘干机的热风循环自动控制部分设计。

七、教学评价

根据相对应的教学大纲要求，实施操作练习考核。考核项目要按照教学大纲要求的评分标准进行。

模块 2 邮件分拣控制系统

一、教学目标

终极目标：

能使用比较指令进行编程，实现用 PLC 构成邮件分拣控制系统。

促成目标：

1. 掌握所给梯形图中使用比较指令的功能；
2. 能通过实践操作分析验证比较指令的功能和系统功能；
3. 能仿照所给梯形图进行相似功能系统的编程。

二、工作任务

设计 PLC 控制的邮件分拣控制系统。

三、实践操作

邮件分拣机系统如图 5-3 所示。

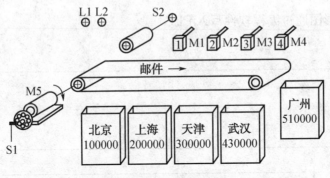

图 5-3 邮件分拣系统

邮件分拣机实验板的输入端子为一特殊设计的端子，其原理如图 5-4 所示，它的功能是：当输出端 M5 为 ON 时，S1 自动产生脉冲信号模拟测量电动机转速的光码盘信号。

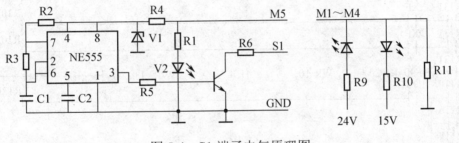

图 5-4 S1 端子电气原理图

控制要求：启动后绿灯亮表示可以进邮件，传感器 S2 为 ON 表示检测到了邮件，拨码器（XC～XF）模拟邮件的邮码，从拨码器读到邮码的正常值为 1、2、3、4、5，若非此 5 个数，则红灯 L1 闪烁，表示出错，电动机 M1 停止，重新启动后，能重新运行，若是此 5 个数中的任一个，则红灯 L1 亮，电动机 M5 运行，将邮件分拣至箱内后 L1 灭，L2 亮，表示可继续分拣邮件。

1. 分析系统功能，进行 I/O 分配

I/O 分配：

输	入	输	出
S1	X0	L2	Y0
复位	X2	L1	Y1
启动	X3	M5	Y2
S2	X4	M1	Y3
		M2	Y4
		M3	Y5
		M4	Y6

2. 根据 I/O 分配进行控制回路接线

3. 将所给梯形图通过编程软件写入 PLC

```
     X2    R130                                              Y0
 0  ─┤├───┤/├─────────────────────────────────────────────( )─
     Y0
    ─┤├─
     R13A
    ─┤├─
     X4                                                     R130
 5  ─┤├──(DF)─────────────────────────────────────────────( )─
     R130  R13A  X2                                         R131
 8  ─┤├───┤/├──┤/├────────────────────────────────────────( )─
     R131
    ─┤├─
     R131  XC                                               R100
13  ─┤├───┤├─────────────────────────────────────────────( )─
     R131  XD                                               R101
16  ─┤├───┤├─────────────────────────────────────────────( )─
     R131  XE                                               R102
19  ─┤├───┤├─────────────────────────────────────────────( )─
     R131  XF                                               R103
22  ─┤├───┤├─────────────────────────────────────────────( )─
     R131
25  ─┤├──[F90 DEC0 , WR 10 , H 4 , WR 11]─
     R110  R131                                             R12F
33  ─┤├───┤├─────────────────────────────────────────────( )─
     R116
    ─┤├─
     R117
    ─┤├─
```

项目五 比较指令及应用

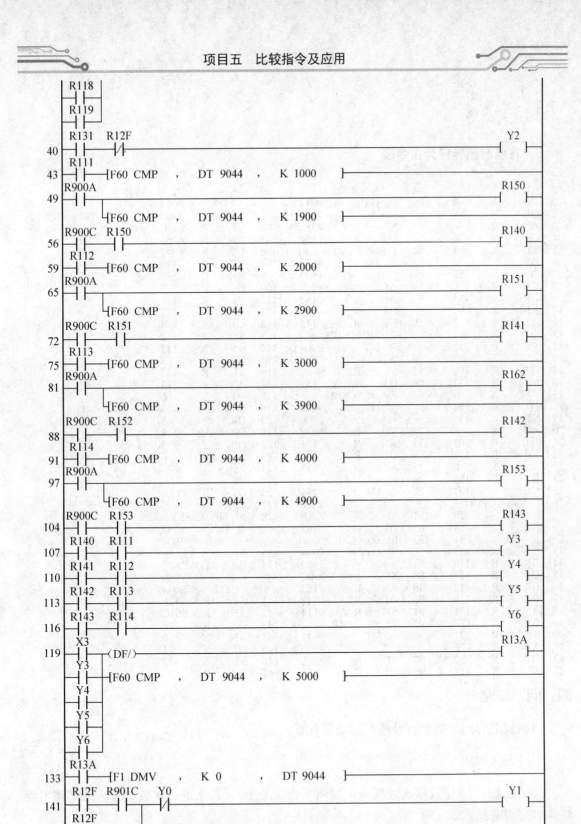

4．运行调试

5．将梯形图转换为指令表

0	ST	X	2	44	F	60（CMP）		99	F	60（CMP）	148	F 0（MV）
1	OR	Y	0		DT		9044		DT	9044		H 8
2	OR	R	13A		K		1000		K	4900		DT 9052
3	AN/	R	130	49	ST	R	900A	104	ST	R	900C	153 ED
4	OT	Y	0	50	OT	R	150	105	AN	R	153	
5	ST	X	4	51	F	60（CMP）		106	OT	R	143	
6	DF				DT		9044	107	ST	R	140	
7	OT	R	130		K		1900	108	AN	R	111	
8	ST	R	130	56	ST	R	900C	109	OT	Y	3	
9	OR	R	131	57	AN	R	150	110	ST	R	141	
10	AN/	R	13A	58	OT	R	140	111	AN	R	112	
11	AN/	X	2	59	ST	R	112	112	OT	Y	4	
12	OT	R	131	60	F	60（CMP）		113	ST	R	142	
13	ST	R	131		DT		9004	114	AN	R	113	
14	AN	X	C		K		2000	115	OT	Y	5	
15	OT	R	100	65	ST	R	900A	116	ST	R	143	
16	ST	R	131	66	OT	R	151	117	AN	R	114	
17	AN	X	D	67	F	60（CMP）		118	OT	Y	6	
18	OT	R	101		DT		9044	119	ST	X	3	
19	ST	R	131		K		2900	120	OR	Y	3	
20	AN	X	E	72	ST	R	900C	121	OR	Y	4	
21	OT	R	102	73	AN	R	151	122	OR	Y	5	
22	ST	R	131	74	OT	R	141	123	OR	Y	6	
23	AN	X	F	75	ST	R	113	124	PSHS			
24	OT	R	103	76	F	60（CMP）		125	DF/			
25	ST	R	131		DT		9044	126	OT	R	13A	
26	F	90（DECO）			K		3000	127	POPS			
	WR		10	81	ST	R	900A	128	F	60（CMP）		
	H		4	82	OT	R	162		DT		9044	
	WR		11	83	F	60（CMP）			K		5000	
33	ST	R	110		DT		9044	133	ST	R	13A	
34	OR	R	116		K		3900	134	F	1（DMV）		
35	OR	R	117	88	ST	R	900C		K		0	
36	OR	R	118	89	AN	R	152		DT		9044	
37	OR	R	119	90	OT	R	142	141	ST	R	12F	
38	AN	R	131	91	AN	R	114	142	AN	R	901C	
39	OT	R	12F	92	F	60（CMP）		143	OR/	R	12F	
40	ST	R	131		DT		9044	144	AN/	Y	0	
41	AN/	R	12F		K		4000	145	OT	Y	1	
42	OT	Y	2	97	ST	R	900A	146	ST	X	3	
43	ST	R	111	98	OT	R	153	147	OR	R	130	

四、问题探究

归纳常用的比较指令有哪些？功能是什么？

1. F60 CMP

F60 CMP：16位数据比较指令，对两个指定的16位数据进行比较，并将结果输出到特殊内部继电器。

1）程序示例

梯形图程序	布尔形式	
	地 址	指 令
	40	ST R 0
	41	F60 (CMP)
		DT 0
		K 100
	46	ST R 0
	47	AN R 900A
	48	OT Y 10
	49	ST R 0
	50	AN R 900B
	51	OT Y 11
	52	ST R 0
	53	AN R 900C
	54	OT Y 12
S1	被比较的 16 位常数或存放常数的 16 位数据区	
S2	被比较的 16 位常数或存放常数的 16 位数据区	

2）操作数

操作数	继电器			定时器/计数器		数据寄存器	常数		索引变址		索引变址
	WX	WY	WR	SV	EV	DT	K	H	IX	IY	
S1	A	A	A	A	A	A	A	A	A	A	A
S2	A	A	A	A	A	A	A	A	A	A	A

3）示例说明

当触发器 R0 为 ON 时，将数据寄存器 DT11 和 DT10 构成的 32 位数据与数据寄存器 DT1 和 DT0 的内容（32 位）进行比较。

（1）当（DT1、DT0）>（DT11、DT10）时，R900A 为 ON，且外部输出继电器 Y10 为 ON。

（2）当（DT1、DT0）>（DT11、DT10）时，R900B 为 ON，且外部输出继电器 Y11 为 ON。

（3）当（DT1、DT0）>（DT11、DT10）时，R900C 为 ON，且外部输出继电器 Y12 为 ON。

4）描述

比较由 S1 和 S2 指定的两个 32 位数据。比较结果输出给特殊内部继电器 R9009、R900A、R900B 和 R900C。以下表格表示进位标志（R9009）、>标志（R900A）、= 标志（R900B）、<标志（R900C）与（S1+1，S1）、（S2+1，S2）之间的关系。

S1 和 S2 比较关系	标志位			
	R900A（>标志）	R900B（=标志）	R900C（<标志）	R9009（进位标志）
S1<S2	OFF	OFF	ON	↕
S1=S2	OFF	ON	OFF	OFF
S1>S2	ON	OFF	OFF	↕

注：↕ 表示根据情况 ON 或 OFF。

执行条件（触发器）：在此程序示例中，只有当 R0 为 ON 时，才执行比较指令。如果需要始终进行比较，则应使用常闭继电器 R9010 作为执行条件（触发器）。

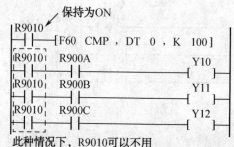

也可以使用 PSHS, RDS 和 POPS 指令对上面的电路进行编程。

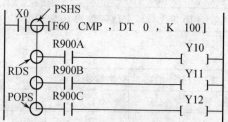

5）使用两个或两个以上的比较指令时的注意事项

比较指令标志 R900A ~ R900C，随着各比较指令的执行而更新。若在程序中使用两个或两个以上比较的指令，则一定在每个比较指令之后立即使用输出继电器或内部继电器。

示例 1　将 DT0 中的数据与 K100、DT1 中的数据与 K200 进行比较。

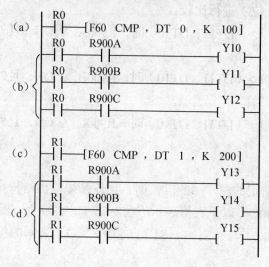

(1) 程序（a）的比较结果在程序（b）中被输出到输出继电器（Y10，Y11 和 Y12）。

(2) 程序（c）的比较结果在程序（d）中被输出到输出继电器（Y13，Y14 和 Y15）。

(3) 比较 BCD 或外部数据时的注意事项：对特殊数据如 BCD 或无符号二进制数（0～FFFF）进行比较时，应使用特殊内部继电器 R900B 和 R9009，按照下列程序示例表编制程序。

示例2　比较 DT0 和 DT1 中的 BCD 数据。

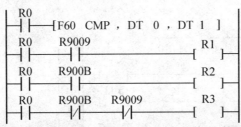

比较 BCD 或无符号 16 位数据（0 至 FFFF）时标志位的状况：

S1 和 S2 比较关系	标　志　位			
	R900A（>标志）	R900B（=标志）	R900C（<标志）	R9009（进位标志）
S1<S2	↕	OFF	↕	ON
S1=S2	OFF	ON	OFF	OFF
S1>S2	↕	OFF	↕	OFF

注：↕ 表示根据情况 ON 或 OFF。

例如，当 S1=H8000，S2=H1000 时，R900A 将为 OFF，R900C 将为 ON。因此，在程序中使用 R900A 和 R900C 将无法得到正确的比较结果。

S1	1	0	0	0	0	0	0	0	0	0	0	0	0	0	0	0
BCD	8				0				0				0			

S2	0	0	1	0	0	0	0	0	0	0	0	0	0	0	0	0
BCD	1				1				0				0			

6) 标志位状态

(1) 错误标志（R9007）：在变址数指定区超限时为 ON 并保持 ON。

(2) 错误标志（R9008）：在变址数指定区超限时瞬间为 ON。

五、知识拓展

1. F61 DCMP

32 位数据比较。对两个指定的 32 位数据进行比较，并将结果输出到特殊内部继电器。

1) 程序示例

梯形图程序	布尔形式		
	地址	指令	
(梯形图：触发器 R0 — [F61 DCMP, DT 0, DT 10]；R0 R900A — Y10；R0 R900B — Y11；R0 R900C — Y12，地址 50/60/63/66)	50	ST	R 0
	51	F61	(DCMP)
		DT	0
		DT	10
	60	ST	R 0
	61	AN	R 900A
	62	OT	Y 10
	63	ST	R 0
	64	AN	R 900B
	65	OT	Y 11
	66	ST	R 0
	67	AN	R 900C
	68	OT	Y 12
S1	被比较的 32 位常数或存放 32 位数据的低 16 位区		
S2	被比较的 32 位常数或存放 32 位数据的低 16 位区		

2) 操作数

操作数	继电器			定时器/计数器		数据寄存器	常数		索引变址		索引变址
	WX	WY	WR	SV	EV	DT	K	H	IX	IY	
S1	A	A	A	A	A	A	A	A	A	A	A
S2	A	A	A	A	A	A	A	A	A	A	A

3) 示例说明

当触发器 R0 为 ON 时，将数据寄存器 DT11 和 DT10 构成的 32 位数据与数据寄存器 DT1 和 DT0 的内容（32 位）进行比较。

（1）当（DT1、DT0）>（DT11、DT10）时，R900A 为 ON，且外部输出继电器 Y10 为 ON。

（2）当（DT1、DT0）>（DT11、DT10）时，R900B 为 ON，且外部输出继电器 Y11 为 ON。

（3）当（DT1、DT0）>（DT11、DT10）时，R900C 为 ON，且外部输出继电器 Y12 为 ON。

4) 描述

比较由 S1 和 S2 指定的两个 32 位数据。比较结果输出给特殊内部继电器 R9009、R900A、R900B 和 R900C。

以下表格表示进位标志（R9009）、>标志（R900A）、=标志（R900B）、<标志（R900C）

与（S1+1，S1）、（S2+1，S2）之间的关系。

（S1+1，S1）与（S2+1，S2） 比较关系	标 志 位			
	R900A（>标志）	R900B（=标志）	R900C（<标志）	R9009（进位标志）
（S1+1，S1）<（S2+1，S2）	OFF	OFF	ON	↕
（S1+1，S1）=（S2+1，S2）	OFF	ON	OFF	OFF
（S1+1，S1）>（S2+1，S2）	ON	OFF	OFF	↕

注：↕ 表示根据情况 ON 或 OFF。

处理 32 位数据时，只要指定低 16 位区（S1，S2），高 16 位区（S1+1，S2+1）就会自动确定。

执行条件（触发器）：在此程序示例中，只有当 R0 为 ON 时，才执行比较指令。如果需要始终进行比较，则应使用常闭继电器 R9010 作为执行条件（触发器）。

此种情况下，R9010 可以不用，也可以使用 PSHS、RDS 和 POPS 指令对上面的电路进行编程。

本程序的运行与前一程序示例的相同。

使用两个或两个以上的比较指令时的注意事项：比较指令标志 R900A～R900C，随着各比较指令的执行而更新。若在程序中使用两个或两个以上比较的指令，则一定在每个比较指令之后立即采用输出继电器或内部继电器。

示例 1 将 DT1 和 DT0 与 DT11 和 DT10、DT3 和 DT2 与 DT21 和 DT20 进行比较。

（1）程序（a）的比较结果在程序（b）中被输出到输出继电器（Y10，Y11 和 Y12）。

（2）程序（c）的比较结果在程序（d）中被输出到输出继电器（Y13，Y14 和 Y15）。

（3）比较 BCD 或外部数据时的注意事项：对特殊数据如 BCD 或无符号二进制数（0～FFFFFFFF）进行比较时，应使用特殊内部继电器 R900A、R900B、R900C 和 R9009，按照下列程序示例表编制程序。

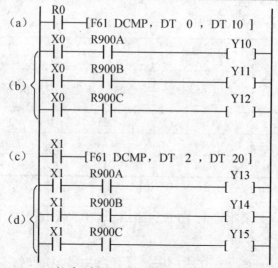

示例 2 比较（DT1，DT0）和（DT11，DT10）中的 BCD 数据。

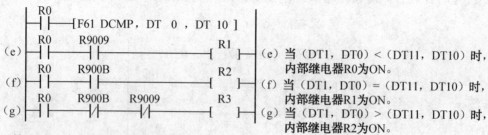

(e) 当（DT1，DT0）<（DT11，DT10）时，内部继电器R0为ON。
(f) 当（DT1，DT0）=（DT11，DT10）时，内部继电器R1为ON。
(g) 当（DT1，DT0）>（DT11，DT10）时，内部继电器R2为ON。

比较 BCD 或无符号 16 位数据（0～FFFFFFFF）时标志位的状况。

（S1+1，S1）与（S2+2，S2）比较关系	标 志 位			
	R900A（>标志）	R900B（=标志）	R900C（<标志）	R9009（进位标志）
（S1+1，S1）<（S2+1，S2）	↕	OFF	↕	ON
（S1+1，S1）=（S2+1，S2）	OFF	ON	OFF	OFF
（S1+1，S1）>（S2+1，S2）	↕	OFF	↕	OFF

注：↕表示根据情况 ON 或 OFF。

例如，当 S1=H80000000（K-214783648），S2=H10000001（K+268435457）时，执行 F61（DCMP）指令，R900A 将为 OFF，R900C 将为 ON。因此，在程序中使用 R900A 和 R900C 将无法得到正确的比较结果。

5）标志位状态

（1）错误标志（R9007）：在变址数指定区超限时为 ON 并保持 ON。

（2）错误标志（R9008）：在变址数指定区超限时瞬间为 ON。

2. F62 WIN

16 位数据区段比较，对带符号的 16 位数据在另两个 16 位数据之间进行区段比较，将判定结果输出到特殊内部继电器。

1)程序示例

梯形图程序	布尔形式	
	地址	指令
（触发器 R0，[F62 WIN, DT 10, DT 20, DT 30]；R0 R900A—Y10；R0 R900B—Y11；R0 R900C—Y12。S1=DT10，S2=DT20 低限位，S3=DT30 高限位）	50	ST R 0
	51	F62 （WIN）
		DT 10
		DT 20
		DT 30
	58	ST R 0
	59	AN R 900A
	60	OT Y 10
	61	ST R 0
	62	AN R 900B
	63	OT Y 11
	64	ST R 0
	65	AN R 900C
	66	OT Y 12
S1	要比较的 16 位常数或 16 位数据区	
S2	下限的 16 位常数或 16 位数据区	
S2	上限的 16 位常数或 16 位数据区	

2）操作数

操作数	继电器			定时器/计数器		数据寄存器	常数		索引变址		索引变址
	WX	WY	WR	SV	EV	DT	K	H	IX	IY	
S1	A	A	A	A	A	A	A	A	A	A	A
S2	A	A	A	A	A	A	A	A	A	A	A
S3	A	A	A	A	A	A	A	A	A	A	A

3）示例说明

当触发器 R0 为 ON 时，将数据寄存器 DT10 的内容与数据寄存器 DT20（数值区段的下限）和数据寄存器 DT30（数值区段的上限）的内容进行比较。

示例 当 DT20 中为 K-500、DT30 中为 K500 时，执行过程如下所示：

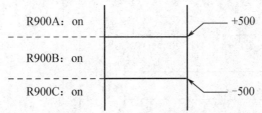

（1）当 DT10 为 K-680 时，R900C 为 ON，外部继电器 Y12 为 ON。

(2）当 DT10 为 K-500 时，R900B 为 ON，外部继电器 Y11 为 ON。

(3）当 DT10 为 K256 时，R900B 为 ON，外部继电器 Y11 为 ON。

(4）当 DT10 为 K680 时，R900A 为 ON，外部继电器 Y16 为 ON。

4）描述

比较由 S1 指定的 16 位等值常数或 16 位数据与由 S2 和 S3 指定的数据区段。本指令可以检查 S1 是否在 S2（下限值）与 S3（上限值）之间的数据区段中，是否大于 S3 或小于 S2。比较结果输出到特殊内部继电器 R9009、R900A、R900B 和 R900C 中。

下表列出了 R9009、R900A、R900B 和 R900C 的状态。

S1、S2 与 S3 比较关系	标 志 位			
	R900A（>标志）	R900B（=标志）	R900C（<标志）	R9009（进位标志）
S1<S2	OFF	OFF	ON	—
S1≤S2≤S3	OFF	ON	OFF	—
S3<S1	ON	OFF	OFF	—

5）编程时的注意事项

参数设置应保证下限值不大于上限值（S2≤S3）。

6）标志位状态

（1）错误标志（R9007）：在以下情况时为 ON 并保持 ON。

① 在变址数指定区超限；

② S2>S3。

（2）错误标志（R9008）：在以下情况时瞬间为 ON。

① 在变址数指定区超限；

② S2>S3。

3. F63 DWIN

32 位数据区段比较，对带符号的 32 位数据在另两个 32 位数据之间进行区段比较，将判定结果输出到特殊内部继电器。

1）程序示例

梯形图程序	布 尔 形 式		
	地 址	指 令	

50 ┤R0├─[F63 DWIN, DT 10, DT 20, DT 30]
   触发器   S1   S2   S3
              低限位   高限位
64 ┤R0├┤R900A├──────────────(Y10)
67 ┤R0├┤R900B├──────────────(Y11)
70 ┤R0├┤R900C├──────────────(Y12)
	50	ST	R 0

	51	F63	（DWIN）
		DT	10
		DT	20
		DT	30
	64	ST	R 0
	65	AN	R 900A

项目五　比较指令及应用

续表

梯形图程序	布尔形式	
	地　址	指　　令
（梯形图：触发器 R0, [F63 DWIN, DT 10, DT 20, DT 30]，S1 S2低限位 S3高限位；R0 R900A—Y10；R0 R900B—Y11；R0 R900C—Y12；行号 50, 64, 67, 70）	66	OT　Y　10
	67	ST　R　0
	68	AN　R　900B
	69	OT　Y　11
	70	ST　R　0
	71	AN　R　900C
	72	OT　Y　12

S1	要比较的 32 位常数或 32 位数据的低 16 位数据区
S2	下限的 32 位常数或 32 位数据的低 16 位数据区
S2	上限的 32 位常数或 32 位数据的低 16 位数据区

2）操作数

操作数	继电器			定时器/计数器		数据寄存器	常数		索引变址		索引变址
	WX	WY	WR	SV	EV	DT	K	H	IX	IY	
S1	A	A	A	A	A	A	A	A	A	N/A	A
S2	A	A	A	A	A	A	A	A	A	N/A	A
S3	A	A	A	A	A	A	A	A	A	N/A	A

3）示例说明

当触发器 R0 为 ON 时，将数据寄存器 DT11 和 DT10 的内容与数据寄存器 DT21 和 DT20（数值区段的下限）及数据寄存器 DT31 和 DT30（数值区段的上限）的内容进行比较。

示例　当 DT21 和 DT20 中为 K-50000、DT31 和 DT30 中为 K50000 时，执行过程如下所示：

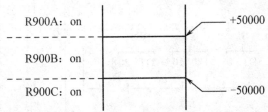

（1）当（DT11，DT10）为 K-68000 时，R900C 为 ON 且外部输出继电器 Y12 为 ON。

（2）当（DT11，DT10）为 K-50000 时，R900B 为 ON 且外部输出继电器 Y11 为 ON。

（3）当（DT11，DT10）为 K25600 时，R900B 为 ON 且外部输出继电器 Y11 为 ON。

（4）当（DT11，DT10）为 K68000 时，R900A 为 ON 且外部输出继电器 Y10 为 ON。

4）描述

比较由 S1 指定的 32 位等值常数或 32 位数据与由 S2 和 S3 指定的数据区段。本指令可以检查 S1 是否在 S2（下限值）与 S3（上限值）之间的数据区段中，是否大于 S3 或小于 S2。比较结果输出到特殊内部继电器 R9009、R900A、R900B 和 R900C。

下表列出了 R9009、R900A、R900B 和 R900C 的状态。

（S1+1，S1），（S2+1，S2）与（S3+1，S3）比较关系	标 志 位			
	R900A（>标志）	R900B（=标志）	R900C（<标志）	R9009（进位标志）
（S1+1，S1）<（S2+1，S2）	OFF	OFF	ON	—
（S2+1，S2）≤（S1+1，S1）≤（S3+1，S3）	OFF	ON	OFF	—
（S3+1，S3）<（S1+1，S1）	ON	OFF	OFF	—

5）编程时的注意事项

（1）错误标志（R9007）：在以下情况时为 ON 并保持 ON。

① 在变址数指定区超限；

②（S2+1，S2）>（S3+1，S3）。

（2）错误标志（R9008）：在以下情况时瞬间为 ON。

① 在变址数指定区超限；

②（S2+1，S2）>（S3+1，S3）。

6）标志位状态

应使下限值（S2+1，S2）不大于上限值（S3+1，S3）[（S2+1，S2）≤（S3+1，S3）]。

4．F64 BCMP

数据块比较，以字节为单位将一个指定数据块与另一指定数据块进行比较。

1）程序示例

梯形图程序	布 尔 形 式		
	地 址	指 令	
触发器　　　　　S1　　S2　　S3 　R0 10 ─┤├─[F64 BCMP, DT 0, DT 10, DT 20]─ 　R0　R900B　　　　　　　　　　　　R1 18 ─┤├──┤├──────────────────( )─	10	ST	R　0
	11	F64	（BCMP）
		DT	10
		DT	20
		DT	30
	18	ST	R　0
	19	AN	R　900B
	20	OT	R　1
S1	16 位常数或 16 位数据区（指定起始字节位置和要比较的字节数）		
S2	要比较的起始的 16 位数据区		
S2	要比较的结束的 16 位数据区		

2）操作数

操作数	继电器			定时器/计数器		数据寄存器	常数		索引变址		索引变址
	WX	WY	WR	SV	EV	DT	K	H	IX	IY	
S1	A	A	A	A	A	A	A	A	A	A	A
S2	A	A	A	A	A	A	N/A	N/A	N/A	N/A	A
S3	A	A	A	A	A	A	N/A	N/A	N/A	N/A	A

3）示例说明

当触发器 R0 为 ON 时，根据数据寄存器 DT0 中的比较条件，将数据寄存器 DT10（DT10 由低位字节起的 4 个字节）的数据块与数据寄存器 DT20（由 DT20 高位字节起的 4 个字节）的数据块进行对比。当两数据块相同时，内部继电器 R0 为 ON。

当 DT0 中为 H1004 时，两数据块如下：

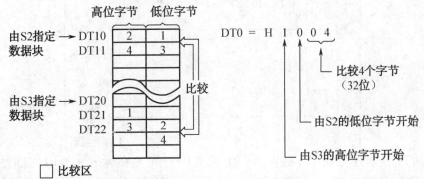

4）描述

根据 S1 指定的内容，比较 S2 指定的数据块的内容与 S3 指定的数据块的内容。当比较结果为 S2=S3 时，特殊内部继电器 R900B（=标志）为 ON。S1 是用于指定比较范围等的控制数据。

如下所示为如何指定控制数据"S1"。

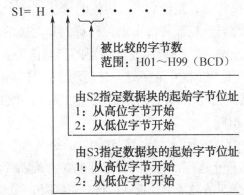

5）设置示例

从由 S2 指定的低字节开始的 4 个字节与 S3 指定的高字节开始的 4 个字进行比较时，应指定 S1 为 H1004。

（1）错误标志（R9007）：在以下情况时为 ON 并保持 ON。

① 在变址数指定区超限；

② 对于 FP0，S1 指定的数据不是 BCD 码数据；

③ 指定的数据块区域超出范围。

（2）错误标志（R9008）：在以下情况时瞬间为 ON。

① 使用索引寄存器指定数据区超出范围。

② S 指定的数据超出允许范围。

6）标志位状态

每次执行一个比较指令时，用于比较指令的标志 R900B 也更新，因此：

（1）程序应在 F64（BCMP）指令之后立即使用 R900B。

（2）应输出到输出继电器或内部继电器以保存结果。

7）编程时的注意事项

```
   R0
 ──┤├──┬──[F64 BCMP, DT 0, DT 1, WR 5]
   R0  │R900B                      Y30
 ──┤├──┴──┤├──────────────────────[ ]─
                              F64的结果

   R1
 ──┤├──┬──[F60 CMP, DT 2, K 100]
   R1  │R900B                      R2
 ──┤├──┴──┤├──────────────────────[ ]─
                              F64的结果
```

注释：如上述程序中所示，触发器（R0 或 R1）一定要在标记 R900B 之前使用。但是，如果使用 R9010（常闭触点），则不必在 R900B 之前使用触发器。

六、操作练习

根据下述两种控制要求，编制多邮件分拣控制程序，调试并运行程序。

（1）开机绿灯亮，电动机 M5 运行，当检测到邮件的邮码不是 1、2、3、4、5 任何一个时，则红灯 L1 闪烁，M5 停止，重新启动。可同时分拣到多个邮件。邮件一件接一件地被检测到它的到来和它的邮码，机器将每个邮件分拣到其对应的信箱中。例如，在 n2 时刻，S2 检测到邮码为 2 的邮件时，如果高速计数器的当前值为 n2，设邮件从 S2 到 M2 位置所经过的脉冲数为 m2，则 M2 在（m2+n2）时刻动作。当在 n3 时刻检测到一个邮码为 3 的邮件时，若高速计数器的当前值为 n2，设邮件从 S2 到 M3 所经过的脉冲数为 M3，则 M3 在（m3+n3）时刻动作。

（2）开机绿灯亮，电动机 M5 运行。当检测到邮件的邮码不是 1、2、3、4、5 中的任何一个时，则红灯 L1 闪烁，M5 停止运行，当检测到邮件欠资或未贴邮票时，则蜂鸣器发出响声，M5 停止。按动启动按钮，表示故障清楚，重新运行。可同时分拣多个邮件，其他要求同上。

七、教学评价

根据相对应的教学大纲要求，实施操作练习考核。考核项目要按照教学大纲要求的评分标准进行。

项目六

高级指令及应用

教学目标

终极目标：

能熟练使用常用高级指令来完成一些典型控制系统的改造和设计。

促成目标：

1. 能独立进行正火炉和回火炉的自动控制系统的设计与接线；进行系统调试运行。
2. 能独立进行广告牌闪烁彩灯控制系统的设计与接线；进行系统调试运行。

模块1　正火炉和回火炉的自动控制

一、教学目标

终极目标：

能使用常用高级指令编程，实现正火炉和回火炉的自动控制。

促成目标：

1. 掌握所给梯形图中使用高级指令的功能；
2. 能通过实践操作分析验证高级指令的功能和系统功能；
3. 能仿照所给梯形图进行相似功能系统的编程。

二、工作任务

设计正火炉和回火炉的PLC自动控制系统。

三、实践操作

TVT90B-2自控正火炉和回火炉控制系统，如图6-1所示。

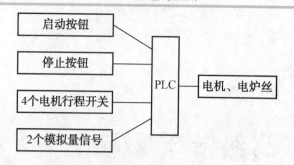

图 6-1　TVT90B-2 自控正火炉和回火炉控制系统

如图 6-1 所示电路的功能是，炉温的温度信号通过温度传感器变成模拟的电压信号作为 PLC 的模拟量输入（反馈输入），PLC 的模拟量输出来控制电炉丝的两端电压，即可达到控制炉温的作用。

控制要求：

（1）初始状态电动机 M1=M2=OFF，小车停在 SQ3 位置，SQ3 发光管亮，SQ4 发光管灭，火炉门关闭，SQ2 亮，SQ1 灭，电炉丝关断即 OFF 状态。

（2）启动操作。按下启动按钮，开始下列操作：

① 电动机 M2 正转，炉门打开，SQ2 灭。

② 当炉门全部打开时，SQ1 亮，M2 停车。

③ 当 M2 停车时，M1 正转，SQ3 灭，运送工作的小车进入炉膛。

④ 当小车到达 SQ4 位置时，SQ4 亮，M1 停车，同时 M2 反转 SQ1 灭，当火炉关闭时 SQ2 亮。

⑤ 处于室温的炉膛通过温度传感器将温度转换成电压信号，由 ST 接口将模拟的电压信号输入给 PLC，在 PLC 内部与温度设定值进行比较和计算，PLC 的模拟量输出口 VC 的输出电压接通电炉丝，小车上的工件开始加热，工件需要加热的温度可根据工艺要求来设定，如 1000，其设定值由 PLC 的另一个模拟的输出口输入给 PLC。

⑥ 当炉温达到设定值 1000 时，保温一段时间。按下停止键后电炉丝关断，停止加热，同时电动机 M2 正转，SQ2 灭，炉门打开，SQ1 亮，同时 M2 停车。

⑦ 当 M2 停车时，M1 开始反转，SQ4 灭，小车推出炉膛，达到 SQ3 位置时，SQ3 亮，M1 停转，工件开始自然冷却。与此同时，M2 反转，SQ1 灭，炉门关闭，SQ2 亮，M2 停转回到初始状态。经过一段时间后工件温度下降到室温，完成了工件的正火。

1．分析系统功能，进行 I/O 分配

PLC 选型及输入/输出信号编排：正火炉和回火炉有 6 个输入信号，4 个输出信号，选择 FP1 系列 PLC。输入/输出信号及地址编号如下表。

名　称	功　能	编　号	说　明
SB1	启动按钮	X0	输入

续表

名 称	功 能	编 号	说 明
SB2	停止按钮	X1	输入
SQ1	M2 电机正转行程开关	X2	输入
SQ2	M2 电机反转行程开关	X3	输入
SQ3	M1 电机反转行程开关	X4	输入
SQ4	M1 电机正转行程开关	X5	输入
K1	模拟量反馈输入（ST）	WX10	输入
K2	模拟量给定输入（设定值）	WX9	输入
KM1	M1 电机正转	Y0	输出
KM2	M1 电机反转	Y1	输出
KM3	M2 电机正转	Y2	输出
KM4	M2 电机反转	Y3	输出
E1	模拟量输出（VC）	WY9	输出

2. 按 I/O 分配进行控制回路接线

根据小车运动控制的要求，可将 4 个感应行程开关赋予不同的值；同时，按钮也对应赋值。当小车到达某个感应行程开关位置时，该感应行程开关自动闭合或断开。当小车进入炉膛的同时炉门关闭，然后炉内自动开启加热装置，将小车上的工件加热到一定值，并将这个温度值与设定值进行比较，根据比较的结果对小车上的工件进行继续加热，直到温度达到设定值或设定值以上温度，小车在炉内保温一段时间后自动移动到炉外进行自然冷却。

由此可得到如图 6-2 所示的正火炉和回火炉自动控制 PLC 外部接线图。

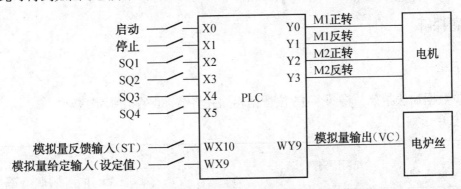

图 6-2　PLC 外部接线图

3. 将所给梯形图通过编程软件写入 PLC

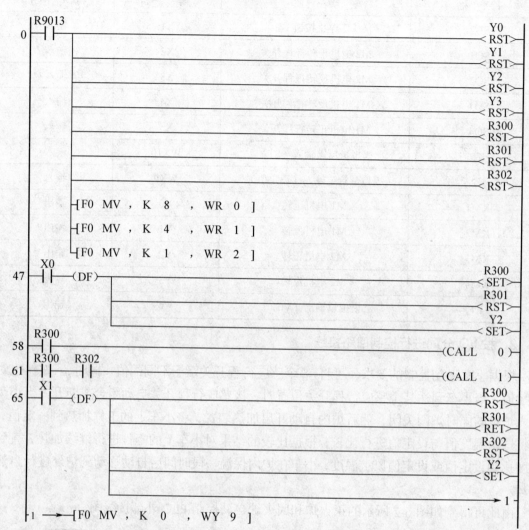

四、问题探研

1. F22+

16 位数据加法指令，将两个 16 位数据相加并将结果保存在指定区。

1）程序示例

梯形图程序	布尔形式		
	地 址	指	令
触发器 R0 10 ─┤├──[F22+, DT 10, DT 20, DT 30] 　　　　　　　S1　　S2　　　D	10 11 　 	ST F21 DT DT	R　　0 （D+） 　　0 　　10

续表

	S1	16位常数或存放数据的16位数据区（被加数）
	S2	16位常数或存放数据的16位数据区（加数）
	S2	16位数据区（存放运算结果）

2）操作数

操作数	继电器			定时器/计数器		数据寄存器	常数		索引变址		索引变址
	WX	WY	WR	SV	EV	DT	K	H	IX	IY	
S1	A	A	A	A	A	A	A	A	A	A	A
S2	A	A	A	A	A	A	A	A	A	A	A
D	N/A	A	A	A	A	A	N/A	N/A	A	A	A

3）示例说明

当触发器 R0 为 ON 时，数据寄存器 DT10 和 DT20 的内容相加，相加的结果保存于数据寄存器 DT30 中。

当 DT10 中为十进制数 8，DT20 中为十进制数 4 时，操作如下所示：

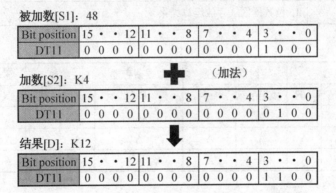

4）描述

由 S1 与 S2 指定的 16 位数据或 16 位等值常数相加。相加结果保存在 D 之中。

  被加数数据 加数数据 结果
  （S1） + （S2） → （D）

5）编程时的注意事项

若算术运算指令的结果超出可处理值的范围，则会出现上溢出或下溢出。

一般情况下，不允许出现上溢出或下溢出。若计算结果有时会出现上溢出或下溢出，建议使用 F23（D+）指令（32 位数据加法）。当使用 F23（D+）指令而不使用 F22（+）时，一定要使用 F89（EXT）指令将 16 位的加数和被加数转换为 32 位的数据。若出现上溢出或下溢出，进位标志（特殊内部继电器 R9009）将变为 ON。

6）标志位状态

（1）错误标志（R9007）：在变址数指定区超限时为 ON 并保持 ON。

（2）错误标志（R9008）：在变址数指定区超限时瞬间为 ON。

（3）= 标志（R900B）：当计算结果被认为等于"0"时瞬间为 ON。

（4）进位标志（R9009）：当计算结果超出 16 位数据的范围（上溢出或下溢出）时瞬间为 ON。

2. F27-

16 位数据减法，由被减数减去 16 位数据并将结果保存于指定区。

1）程序示例

梯形图程序	布尔形式	
	地址	指令
触发器 　　R0 10 ──┤├──[F27-, DT 10, DT 20, DT 30] 　　　　　　　　S1　　S2　　　D	10 11	ST　　R　　0 F27　　　（-） DT　　　　10 DT　　　　20 DT　　　　30
S1	16 位常数或存放数据的 16 位数据区（被减数）	
S2	16 位常数或存放数据的 16 位数据区（减数）	
D	16 位数据区（存放运算结果）	

2）操作数

操作数	继电器			定时器/计数器		数据寄存器	常数		索引变址		索引变址
	WX	WY	WR	SV	EV	DT	K	H	IX	IY	
S1	A	A	A	A	A	A	A	A	A	A	A
S2	A	A	A	A	A	A	A	A	A	A	A
D	N/A	A	A	A	A	A	N/A	N/A	A	A	A

3）示例说明

触发器 R0 为 ON 时，从数据寄存器 DT10 的内容中减去数据寄存器 DT20 的内容，相减的结果存放到 DT30 中。

示例 1　当 DT10 中为十进制数 16，DT20 中为十进制数 4 时。

被减数[S1]：K16

Bit position	15 · · 12	11 · · 8	7 · · 4	3 · · 0
DT10	0 0 0 0	0 0 0 0	0 0 0 1	0 0 0 0

减数[S2]：K4

Bit position	15 · · 12	11 · · 8	7 · · 4	3 · · 0
DT20	0 0 0 0	0 0 0 0	0 0 0 0	0 1 0 0

结果[D]：K12

Bit position	15 · · 12	11 · · 8	7 · · 4	3 · · 0
DT30	0 0 0 0	0 0 0 0	0 0 0 0	1 1 0 0

示例 2　当 DT10 中为十进制数 3，DT20 中为十进制数 5 时。

被减数[S1]：K3

Bit position	15 · · 12	11 · · 8	7 · · 4	3 · · 0
DT10	0 0 0 0	0 0 0 0	0 0 0 0	0 0 1 1

－（减）

减数[S2]：K5

Bit position	15 · · 12	11 · · 8	7 · · 4	3 · · 0
DT20	0 0 0 0	0 0 0 0	0 0 0 0	0 1 0 1

↓

结果[D]：K－2

Bit position	15 · · 12	11 · · 8	7 · · 4	3 · · 0
DT30	1 1 1 1	1 1 1 1	1 1 1 1	1 1 1 0

4）描述

从由 S1 指定的 16 位数据或 16 位等值常数中减去由 S2 指定的 16 位数据或 16 位等值常数，相减的结果存放于 D。

被减数数据　减数数据　结果
（S1）　－　（S2）　→　（D）

5）编程时的注意事项

若算术运算指令的结果超出可处理值的范围，则会出现上溢出或下溢出。

一般情况下，不允许出现上溢出或下溢出。若计算结果有时会出现上溢出或下溢出，建议使用 F28（D-）指令（32 位数据减法）。当使用 F28（D-）指令而不用 F27（-）时，一定要使用 F89（EXT）指令将 16 位的减数和被减数转换为 32 位的数据。若出现上溢出或下溢出，则进位标志（特殊内部继电器 R9009）会变为 ON。

6）标志位状态

（1）错误标志（R9007）：在变址数指定区超限时为 ON 并保持 ON。

（2）错误标志（R9008）：在变址数指定区超限时瞬间为 ON。

（3）= 标志（R900B）：当计算结果被认为等于"0"时瞬间为 ON。

（4）进位标志（R9009）：当计算结果超出 16 位数据的范围（上溢出或下溢出）时瞬间为 ON。

3．F30*

16 位数据乘法，两个 16 位数据相乘。

1）程序示例

梯形图程序	布尔形式		
	地　址	指　　令	
触发器 　R0 10 ├┤├─[F30*, DT 10 , DT 20 , DT 30] 　　　　　　S1　　S2　　　D	10	ST　　R	0
	11	F30	(*)
		DT	10
		DT	20
		DT	30

续表

S1		16位常数或存放数据的16位数据区（被乘数）
S2		16位常数或存放数据的16位数据区（乘数）
D		32位数据的低16位数据区（存放运算结果）

2）操作数

操作数	继电器			定时器/计数器		数据寄存器	常数		索引变址		索引变址
	WX	WY	WR	SV	EV	DT	K	H	IX	IY	
S1	A	A	A	A	A	A	A	A	A	A	A
S2	A	A	A	A	A	A	A	A	A	A	A
S3	N/A	A	A	A	A	A	N/A	N/A	A	N/A	A

3）示例说明

触发器 R0 为 ON 时，数据寄存器 DT10 和 DT20 的内容相乘。结果保存在数据寄存器 DT31 和 DT30 中。当 DT10 中为二进制数 8、DT20 中为二进制数 2 时，操作如下：

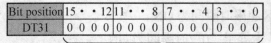

被乘数[S1]: K8

乘数[S2]: K12

结果[D+1，D]: K16

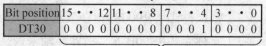

高16位区　　　　　　　低16位区

4）描述

将由 S1 指定的 16 位数据或 16 位等值常数与由 S2 指定的 16 位数据或 16 位等值常数相乘，结果存放在 D+1 和 D（32位）中。

被乘数数据　　乘数数据　　结果
（S1）　×　（S2）　→　（D+1，D）

相乘结果保存在 32 位区。只要指定低 16 位区（D），高 16 位区（D+1）就会自动确定。

5）标志位状态

（1）错误标志（R9007）：在变址数指定区超限时为 ON 并保持 ON。

（2）错误标志（R9008）：在变址数指定区超限时瞬间为 ON。

（3）=标志（R900B）：当计算结果被认为等于"0"时瞬间为 ON。

项目六 高级指令及应用

五、知识拓展

相关高级指令

1. F32%

16 位数据除法。

1）程序示例

梯形图程序	布尔形式	
	地 址	指 令
触发器 R0 10 ─┤├─ [F32%, DT 10, DT 20, DT 30] S1 S2 D	10	ST R 0
	11	F32 (%)
		DT 10
		DT 20
		DT 30

S1	16 位常数或存放数据的 16 位数据区（被除数）
S2	16 位常数或存放数据的 16 位数据区（除数）
D	16 位数据区（存放商）（余数存放在特殊数据寄存器 DT9015 中）

2）操作数

操作数	继电器			定时器/计数器		数据寄存器	常数		索引变址		索引变址
	WX	WY	WR	SV	EV	DT	K	H	IX	IY	
S1	A	A	A	A	A	A	A	A	A	A	A
S2	A	A	A	A	A	A	A	A	A	A	A
D	N/A	A	A	A	A	A	N/A	N/A	A	A	A

3）示例说明

当触发器 R0 为 ON 时，用数据寄存器 DT10 的内容除以十进制常数 DT20，商保存在数据寄存器 DT30 中，余数保存在特殊数据寄存器 DT9015/DT90015 中。

当 DT10 中为十进制数 15、DT20 中为十进制数 4 时，运算操作如下：

被除数：[S1]：K15

Bit position	15··12	11··8	7··4	3··0
DT10	0 0 0 0	0 0 0 0	0 0 0 0	1 1 1 1

除数：[S2]：K4   ÷

Bit position	15··12	11··8	7··4	3··0
DT20	0 0 0 0	0 0 0 0	0 0 0 0	0 1 0 0

商：[D]：K3

Bit position	15··12	11··8	7··4	3··0
DT30	0 0 0 0	0 0 0 0	0 0 0 0	0 0 1 1

余：[D]：K3

Bit position	15··12	11··8	7··4	3··0
DT9015/ DT90015	0 0 0 0	0 0 0 0	0 0 0 0	0 0 1 1

4）描述

将由 S1 指定的 16 位数据或 16 位等值常数除以由 S2 指定的 16 位数据或 16 位等值常数，商存放在 D 中，余数存放在 DT9015（对于 FP2/FP2SH/FP10SH 为 DT90015）中。

被除数数据　除数数据　　商　　　余数
（S1）　÷　（S2）→（D）（DT9015/DT90015）

5）标志位状态

1）错误标志（R9007）：在变址数指定区超限时为 ON 并保持 ON。

2）错误标志（R9008）：在变址数指定区超限时瞬间为 ON。

3）＝标志（R900B）：当计算结果被认为等于"0"时瞬间为 ON。

4）进位标志（R9009）：当负数的最大值 K-32768（H8000）除以 K-1（HFFFF）时瞬间为 ON。

2. F35+1

16 位数据增 1，16 位数据加 1。

1）程序示例

梯形图程序	布尔形式	
	地　址	指　　令
触发器 　R0 10 ├─┤ ├──[F35+ 1 ，DT 0 　　　] 　　　　　　　　　　D	10 11	ST　　R　　0 F35　　　　（+1） DT　　　　　　0
D	16 位数据递加 1	

2）操作数

操作数	继电器			定时器/计数器		数据寄存器	常数		索引变址		索引变址
	WX	WY	WR	SV	EV	DT	K	H	IX	IY	
D	N/A	A	A	A	A	A	N/A	N/A	A	A	A

3）示例说明

当触发器为 ON 时，数据寄存器 DT0 的内容加 1。

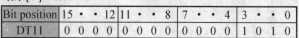

4）描述

D 指定的 16 位数据加 1，结果存于 D 中。

源数据　　　　结果
（D）+1 → （D）

5）编程时的注意事项

若一算术运算指令超出可处理值范围，则会产生上溢出。一般情况下，不允许出现上溢出。若运算结果有时会上溢出，建议使用F36（D+1）指令（32位数据加1）。若出现上溢出，则进位标志（特殊内部继电器R9009）会变为ON。

6）标志位状态

（1）错误标志（R9007）：在变址数指定区超限时为ON并保持ON。

（2）错误标志（R9008）：在变址数指定区超限时瞬间为ON。

（3）=标志（R900B）：当计算结果被认为等于"0"时瞬间为ON。

（4）进位标志（R9009）：当计算结果超出16位数据的范围（上溢出）时瞬间为ON。

3．F37-1

16位数据减1。

1）程序示例

梯形图程序	布尔形式	
	地　址	指　令
触发器 　R0 10─┤├──[F37-1 ，DT 0] 　　　　　　　　　D	10 11	ST　　R　　0 F37　　　（−1） DT　　　　0
D	16位数据递减1	

2）操作数

操作数	继电器			定时器/计数器		数据寄存器	常数		索引变址		索引变址
	WX	WY	WR	SV	EV	DT	K	H	IX	IY	
D	N/A	A	A	A	A	A	N/A	N/A	A	A	A

3）示例说明

当触发器为ON时，数据寄存器DT0的内容减1。

源[D]：K10

Bit position	15··12	11··8	7··4	3··0
DT11	0 0 0 0	0 0 0 0	0 0 0 0	1 0 1 0

↓ −1

结果[D]：K9

Bit position	15··12	11··8	7··4	3··0
DT11	0 0 0 0	0 0 0 0	0 0 0 0	1 0 0 1

4）描述

D 指定的 16 位数据减 1，结果存于 D 中。

$$（D）-1 \rightarrow （D）$$
源数据　　　结果

5）编程时的注意事项

若一算术运算指令超出可处理值范围，则会产生下溢出。一般情况下，不允许出现下溢出。若运算结果有时会下溢出，建议使用 F38（D-1）指令（32 位数据减 1）。若出现下溢出，则进位标志（特殊内部继电器 R9009）会变为 ON。

6）标志位状态

（1）错误标志（R9007）：在变址数指定区超限时为 ON 并保持 ON。

（2）错误标志（R9008）：在变址数指定区超限时瞬间为 ON。

（3）= 标志（R900B）：当计算结果被认为等于"0"时瞬间为 ON。

（4）进位标志（R9009）：当计算结果超出 16 位数据的范围（下溢出）时瞬间为 ON。

六、操作练习

工件正火的控制要求同实践操作，但要求采用拨码器输入作为工件所需要加热温度的外设定。

七、教学评价

根据相对应的教学大纲要求，实施操作练习考核。考核项目要按照教学大纲要求的评分标准进行。

模块 2　广告牌闪烁彩灯控制系统

一、教学目标

终极目标：

能使用常用高级指令编程，实现正火炉和回火炉的自动控制。

促成目标：

1. 掌握所给梯形图中使用高级指令的功能；
2. 能通过实践操作分析验证高级指令的功能和系统功能；
3. 能仿照所给梯形图进行相似功能系统的编程。

二、工作任务

设计广告牌闪烁彩灯控制系统。

三、实践操作

1. 分析系统功能，进行 I/O 分配，画 PLC 接线图

2. 按 PLC 接线图进行控制回路接线

3. 将所给梯形图通过编程软件写入 PLC

```
        R9013
 0 ├──┤├──┬──[F0  MV   , H  1        , WR 0  ]
          ├──[F0  MV   , H  FFFF     , WR 1  ]
          └──[F0  MV   , K  0        , DT 0  ]
        R0
19 ├──┤├─────────────────────────────(NSTL   0)
23 ├────────────────────────────────(SSTP   0)
        T0     TMX    0 , K   5
26 ├──┤/├──┬──────────────────────────→ 1
           │   R900B
           ├──┤├─────────────────────→ 2
           │                            R1
           └──────────────────────────<SET>

  -1 →──[F35  +1   , DT 0      ]
         [F60  CMP , DT 0  , K  3   ]
         [F84  INV , WR 1  ]
  -2 →──[F0   MV  , K  0  , DT 0   ]
         [F0   MV  , H  FFFE , WR 1  ]
        R1
58 ├──┤├─────────────────────────────(NSTL   1)
                                        R0
                                       <RST>
                                        R7
                                       <RST>
71 ├────────────────────────────────(SSTP   1)
        T1     TMX    1 , K   1
74 ├──┤/├──┬──────────────────────────→ 1
           │   R900B
           ├──┤├─────────────────────→ 2
           │                            R2
           └──────────────────────────<SET>

  -1 →──[F121 ROL  , WR 1  , K  1   ]
         [F35  +1   , DT 0      ]
         [F60  CMP , DT 0  , K  48  ]
  -2 →──[F0   MV  , K  0  , DT 0   ]
         [F0   MV  , H  7FFF , WR 1 ]
        R2
109├──┤├─────────────────────────────(NSTL   2)
                                        R1
                                       <RST>
```

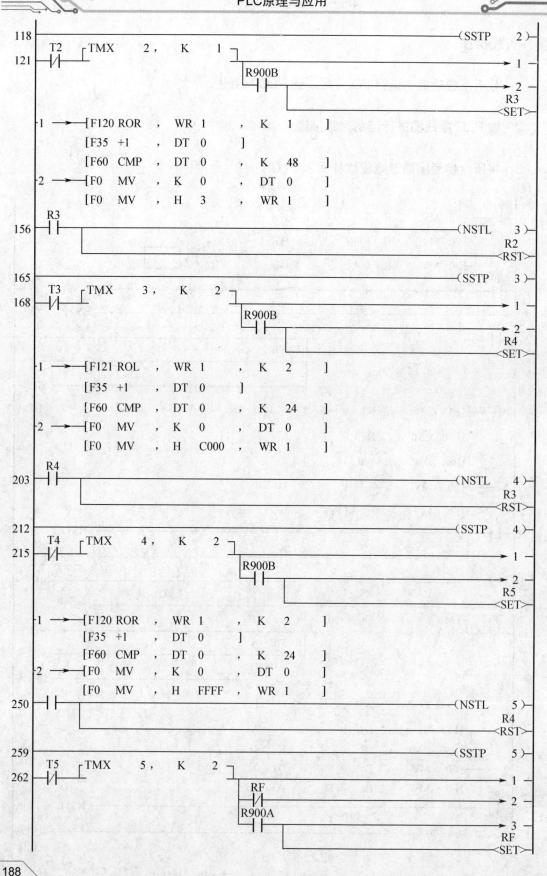

项目六　高级指令及应用

```
      ─1──→─[F101 SHL  , WR 1   , TX      ]
      ─2──→─[F35  +1   , IX             ]
            [F60  CMP  , IX      , K  4  ]
      ─3──→─[F37  -1   , IX             ]
        T5   RF
292  ──┤/├──┤├──────────────────────────────────→ 1
            R900C
            ─┤├──────────────────────────────────→ 2
                                                  RF
            ─────────────────────────────────────<RST>
                                                  R6
            ─────────────────────────────────────<SET>

      ─1──→─[F37  -1   , IX             ]
            [F60  CMP  , TX      , K  0 ]
      ─2──→─[F0   MV   , H  FF00 , WR 1 ]
            [F0   MV   , K  0    , DT 0 ]

            [F35  +1   , IX             ]
327  ──┤├───────────────────────────────────(NSTL  6)
                                                  R5
            ─────────────────────────────────────<RST>

336  ───────────────────────────────────────(SSTP  6)
        T6   ┌TMX  6 , K  2 ┐
339  ──┤/├───┘                                    → 1
                    R900B
                    ─┤/├────────────────────────→ 2
                                                  R7
            ─────────────────────────────────────<SET>

      ─1──→─[F17  SWAP , WR 1           ]
            [F35  +1   , DT 0           ]
            [F60  CMP  , IX      , K  0 ]
      ─2──→─[F0   MV   , K  0   , DT 0  ]
        T6  R900B
367  ──┤├──┤├──────────────────────────────────→ 1

      ─1──→─[F0   MV   , H  0   , WR 11 ]
        R7
374  ──┤├───────────────────────────────────(NSTL  O)
                                                  R6
            ─────────────────────────────────────<RST>

383  ───────────────────────────────────────( STPE  )
       R9010
384  ──┤├────[F0   MV  , WR 1   , WY 0  ]

390  ───────────────────────────────────────( ED    )
```

4. 运行调试

5. 将梯形图转换为指令表

0	ST	R	9013	110	PSHS			225	F	35 (+1)	2
1	PSHS			111	NSTL		2			DT	0
2	F 0 (MV)			114	POPS			228	F	60 (CMP)	
	H		1	115	RST	R	1			DT	0
	WR		0	118	SSTP		2			K	24
7	RDS			121	ST/	T	2	233	POPS		
8	F 0 (MV)			122	TMX		2	234	AN	R	900B
	H		FFFF		K		1	235	PSHS		
	WR		1	125	PSHS			236	F	0 (MV)	
13	POPS			126	F 120 (ROR)					K	0
14	F 0 (MV)				WR		1			DT	0
	K		0		K		1	241	F	0 (MV)	
	DT		0	131	F 35 (+1)					H	FFFF
19	ST	R	0		DT		0			WR	1
20	NSTL		0	134	F 60 (CMP)			246	POPS		
23	SSTP		0		DT		0	247	SET	R	5
26	ST/	T	0		K		48	250	ST	R	5
27	TMX		0	139	POPS			251	PSHS		
	K		5	140	AN	R	900B	252	NSTL		5
30	PSHS			141	PSHS			255	POPS		
31	F 35 (+1)			142	F 0 (MV)			256	RST	R	4
	DT		0		K		0	259	SSTP		5
34	F 60 (CMP)				DT		0	262	ST/	T	5
	DT		0	147	F 0 (MV)			263	TMX		5
	K		3		H		3		K		2
39	F 84 (INV)				WR		1	266	PSHS		
	WR		1	152	POPS			267	F 101 (SHL)		
42	RDS			153	SET	R	3		WR		1
43	AN R		900B	156	ST	R	3		IX		
44	F 0 (MV)			157	PSHS			272	RDS		
	K		0	158	NSTL		3	273	AN/	R	F
	DT		0	161	POPS			274	F	35 (+1)	
49	F 0 (MV)			162	RST	R	2			IX	
	H		FFFE	165	SSTP		3	277	F	60 (CMP)	
	WR		1	168	ST/	T	3			IX	
54	POPS			169	TMX		3			K	4
55	SET	R	1		K		2	282	POPS		
58	ST	R	1	172	PSHS			283	AN	R	900A
59	PSHS			173	F 121 (ROL)			284	PSHS		
60	NSTL		1		WR		1	285	F	37 (-1)	
63	RDS			178	F 35 (+1)					IX	
64	RST	R	0		DT		0	288	POPS		
67	POPS			181	F 60 (CMP)			289	SET	R	F
68	RST	R	7		DT		0	292	ST/	T	5
71	SSTP		1		K		24	293	AN	R	F
74	ST/	T	1	186	POPS			294	PSHS		
75	TMX		1	187	AN	R	900B	295	F	37 (-1)	
	K		1	188	PSHS					IX	
78	PSHS			189	F 0 (MV)			298	F	60 (CMP)	
79	F 121 (ROL)				K		0			IX	
	WR		1		DT		0			K	0
	K		1	194	F 0 (MV)			303	POPS		
84	F 35 (+1)				H		C000	304	AN	R	900C
	DT		0		WR		1	305	PSHS		
87	F 60 (CMP)			199	POPS			306	F	0 (MV)	
	DT		0	200	SET	R	4			H	FF00
	K		48	203	ST	R	4			WR	1
92	POPS			204	PSHS			311	F	0 (MV)	
93	AN		900B	205	NSTL		4			K	0
94	PSHS			208	POPS					DT	0
95	F 0 (MV)			209	RST	R	3	316	F	35 (+1)	
	K		0	212	SSTP		4			IX	
	DT		0	215	ST/	T	4	319	RDS		
100	F 0 (MV)			216	TMX		4	320	RST	R	F
	H		7FFF		K		2	323	POPS		
	WR		1	219	PSHS			324	SET	R	6
105	POPS			220	F 120 (ROR)			327	ST	R	6
106	SET	R	2		WR		1	328	PSHS		
109	ST	R	2								

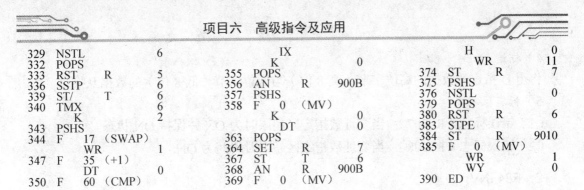

四、问题探究

概括所使用的高级指令的功能和应用有哪些?

1. F17 SWAP

16位数据高低字节互换,将指定的16位数据的高字节与低字节互换。

1) 程序示例

梯形图程序	布尔形式	
	地 址	指 令
触发器 R0 10 ⊢⊣—[F17 SWAP, DT 0] D	10	ST R 0
	11	F17 (SWAP)
		DT 0
D	16位数据区中将被互换的高低字节	

2) 操作数

操作数	继电器			定时器/计数器		数据寄存器	常数		索引变址		索引变址
	WX	WY	WR	SV	EV	DT	K	H	IX	IY	
D	N/A	A	A	A	A	A	N/A	N/A	A	A	A

3) 示例说明

当触发器R0为ON时,将DT0的高位字节与低位字节的数据互换。

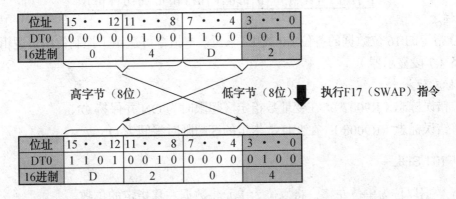

4）描述

将由 D 指定的数据的高位字节（高 8 位）与低位字节（低 8 位）的数据互换。

5）标志位状态

（1）错误标志（R9007）：当变址数指定区超限时为 ON 并保持 ON 状态。

（2）错误标志（R9008）：当变址数指定区超限时瞬间为 ON。

2. F84 INV

16 位数据求反，将 16 位区中的各位数据求反。

1）程序示例

梯形图程序	布尔形式	
	地　址	指　令
触发器 　R20 10 ┤├──[F84　INV　,　DT　0　] 　　　　　　　　　　D	10 11	ST　　R　　20 F84　　　（INV） DT　　　　0
D	待求反的 16 位数据区	

2）操作数

操作数	继电器			定时器/计数器		数据寄存器	常数		索引变址		索引变址
	WX	WY	WR	SV	EV	DT	K	H	IX	IY	
D	N/A	A	A	A	A	A	N/A	N/A	A	A	A

3）示例说明

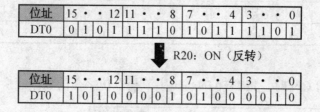

4）描述

对 D 指定的 16 位数据的各位（0 或 1）求反。本指令可适用于控制使用负逻辑运算的外围设备（7 段显示器）。

5）标志位状态

（1）错误标志（R9007）：在变址数指定区超限时为 ON 并保持 ON。

（2）错误标志（R9008）：在变址数指定的区超限时瞬间为 ON。

3. F101 SHL

16 位数据以位为单位左移，将以位为单元将数据左移指定的位数。

1）程序示例

梯形图程序	布尔形式	
	地　址	指　令
触发器 R0 10 ─┤├─[F101 SHL , DT 0 , K 4] 　　　　　　　　D　　n	10 11	ST　　R　　0 F101　（SHL） DT　　　　0 K　　　　　4
D	左移的 16 位数据区	
n	16 位常数或 16 位数据区（指定移位的位数）	

2）操作数

操作数	继电器			定时器/计数器		数据寄存器	常数		索引变址		索引变址
	WX	WY	WR	SV	EV	DT	K	H	IX	IY	
D	N/A	A	A	A	A	A	N/A	N/A	A	A	A
n	A	A	A	A	A	A	A	A	A	A	A

3）示例说明

当触发器 R0 为 ON 时，将数据寄存器 DT0 中数据右移 4 位。数据位 12 中的数据传输至特殊内部继电器（进位标志）。

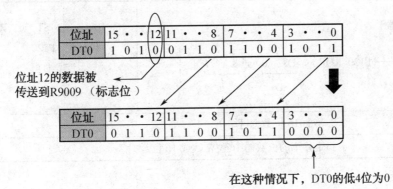

4）描述

将由 D 指定的 16 位数据区向左（向高位）移 n 位。

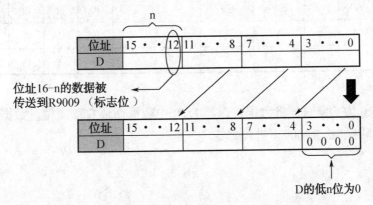

当左移 n 位时，16 位数据区的低 n 位填充 0。数据位 16-n 位中的数据被传输至特殊内部继电器 R9009（进位标志）。n 只有 16 位数据区的低 8 位有效。移动总位数可在 1~255 位范围内指定。

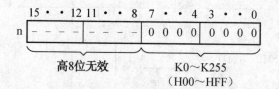

5）标志位状态

（1）错误标志（R9007）：在变址数指定区超限时为 ON 并保持 ON。

（2）错误标志（R9008）：在变址数指定区超限时瞬间为 ON。

（3）进位标志（R9009）：当传输到 R9009（第 16-n 位）的内容被认为是 1 时，瞬间为 ON。

4．F120 ROR

16 位数据循环右移，将指定的 16 位数据循环右移指定的位数。

1）程序示例

梯形图程序	布尔形式	
	地址	指令
触发器 R0 10 ├┤ ─[F120 ROR , DT 0 , K 4] 　　　　　　　　D　　n	10 11	ST　　R　　0 F120　　（ROR） DT　　　　0 K　　　　4
D	右移的 16 位数据区	
n	指定移位的位数的 16 位常数或 16 位数据区	

2）操作数

操作数	继电器			定时器/计数器		数据寄存器	常数		索引变址		索引变址
	WX	WY	WR	SV	EV	DT	K	H	IX	IY	
D	N/A	A	A	A	A	A	N/A	N/A	A	A	A
n	A	A	A	A	A	A	A	A	A	A	A

3）示例说明

当触发器 R0 为 ON 时，将数据寄存器 DT0 中数据循环右移 4 位。数据位 3 中的数据传输至特殊内部继电器 R9009（进位标志）。

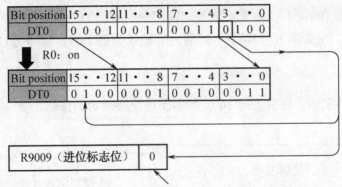

4）描述

将由 D 指定的 16 位数据区向右（向低位）循环移 n 位。

示例　循环右移 1 位。

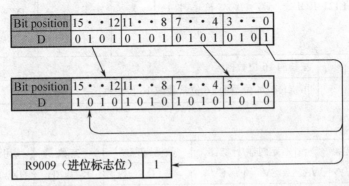

当循环右移 n 位时，数据位 n-1 位（编号从 0 位开始）中的数据被传输至特殊内部继电器 R9009（进位标志）。从 0 位开始的 n 位数据向右移出，并且被移动到 D 指定的数据的高位。指定 n 时，16 位的数据只有低 8 位有效。

5）编程时的注意事项

当 n 指定的数值为 16 位的倍数时，实际的操作不变。

示例

n=K16：操作与 n=K0 时相同（进位标志也不变）；

n=K17：操作与 n=K1 时相同；

……

n=K32：操作与 n=K0 时相同（进位标志也不变）；

n=K33：操作与 n=K1 时相同。

6）标志位状态

（1）错误标志（R9007）：在变址数指定区超限时为 ON 并保持 ON。

（2）错误标志（R9008）：在变址数指定区超限时瞬间为 ON。

（3）进位标志（R9009）：当第 n-1 位的内容被认为是 1 时，瞬间为 ON。

5. F121 ROL

16 位数据循环左移，将指定的 16 位数据循环左移指定的位数。

1）程序示例

梯形图程序	布尔形式	
	地　址	指　令
触发器 　　R0 10 ─┤├─[F121 ROL , DT 0 , K 4] 　　　　　　　　　　D　　　n	10 11	ST　　R　　0 F121　　（ROL） DT　　　　0 K　　　　　4
D	左移的 16 位数据区	
n	指定移位的位数的 16 位常数或 16 位数据区	

2）操作数

操作数	继电器			定时器/计数器		数据寄存器	常数		索引变址		索引变址
	WX	WY	WR	SV	EV	DT	K	H	IX	IY	
D	N/A	A	A	A	A	A	N/A	N/A	A	A	A
n	A	A	A	A	A	A	A	A	A	A	A

3）示例说明

当触发器 R0 为 ON 时，将数据寄存器 DT0 中数据循环左移 4 位。数据位 12 中的数据传输至特殊内部继电器 R9009（进位标志）。

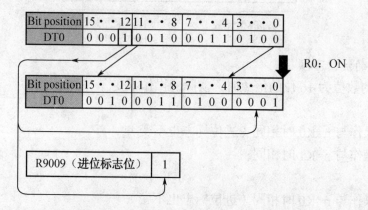

4）描述

将由 D 指定的 16 位数据区向左（向高位）循环移 n 位。

示例　循环左移 1 位。

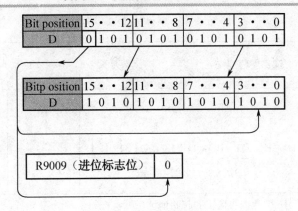

当循环左移 n 位时，数据位 16-n 位（从 15 位开始的第 n 位）中的数据被传输至特殊内部继电器 R9009（进位标志）。从 15 位开始的 n 位数据向左移出，并且被移动到 D 指定的数据的低位。指定 n 时，16 位的数据只有低 8 位有效。

5）编程时注意事项

当 n 指定的数值为 16 位的倍数时，实际的操作不变。

示例

n=K16：操作与 n=K0 时相同（进位标志也不变）；

n=K17：操作与 n=K1 时相同；

……

n=K32：操作与 n=K0 时相同（进位标志也不变）；

n=K33：操作与 n=K1 时相同。

6）标志位状态

（1）错误标志（R9007）：在变址数指定区超限时为 ON 并保持 ON。

（2）错误标志（R9008）：在变址数指定区超限时瞬间为 ON。

（3）进位标志（R9009）：当第 16-n 位的内容被认为是 1 时，瞬间为 ON。

五、知识拓展

相关高级指令

1. F18 BXCH

16 位块数据相互交换。

1）程序示例

梯形图程序	布尔形式	
	地　址	指　令
触发器 　　R0 10 ─┤├─(DF)─[F18　BXCH，DT　10，DT　13，DT　31　] 　　　　　　　　　　　　　D1　　　　D2　　　　D3	10 11 	ST　　R　　　0 F18　　　(BXCH) DT　　　　　10 DT　　　　　13 DT　　　　　31
D1	16位数据块区1的起始地址	
D2	16位数据块区1的结束地址	
D3	16位数据块区2的起始地址	

2）操作数

操作数	继电器			定时器/计数器		数据寄存器	常数		索引变址		索引变址
	WX	WY	WR	SV	EV	DT	K	H	IX	IY	
D1	N/A	A	A	A	A	A	N/A	N/A	A	A	A
D2	N/A	A	A	A	A	A	N/A	N/A	A	A	A
D3	N/A	A	A	A	A	A	N/A	N/A	A	A	A

3）示例说明

当触发器 R0 为 ON 时，数据寄存器 DT10~DT13 构成的数据块与从 DT31 开始的数据块（DT31~DT34）进行数据交换。

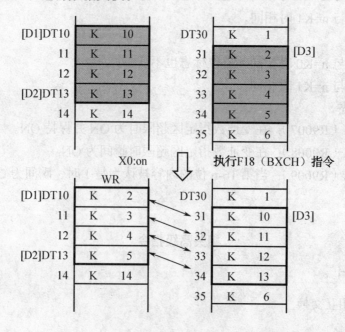

4）描述

当触发器为 ON 时，由 D1 和 D2 指定的数据块与从 D3 开始的指定的 16 位数据块进行相互交换。

5）编程时的注意事项

开始区 D1 与结束区 D2，应该为相同类型的操作数。满足 D1≤D2。如果 D1>D2，则将产生运算错误。如果交换的数据块相互重叠，则不能正确进行数据交换，但是，此时并不会产生错误（错误标志不会变为 ON）。

6）标志位状态

（1）错误标志（R9007）：当出现以下情况时为 ON 并保持 ON。

① 变址数指定区超限时。

② D1>D2 时。

③ 待交换块超过目标区界限时。

（2）错误标志（R9008）：当出现以下情况时瞬时为 ON。

① 变址数指定区超限时。

② D1>D2 时。

③ 待交换块超过目标区界限时。

2. F100 SHR

16 位数据以位为单位右移，以位为单元将 16 位数据右移指定的位数。

1）程序示例

梯形图程序	布尔形式	
	地址	指令
触发器 R0 10 ─┤├─ [F100 SHR, DT 0, K 4] 　　　　　　　　　　D　　n	10 11	ST　　R　　0 F100　（SHR） DT　　　　0 K　　　　　4
D	右移的 16 位数据区	
n	16 位常数或 16 位数据区（指定位移的位数）	

2）操作数

操作数	继电器			定时器/计数器		数据寄存器	常数		索引变址		索引变址
	WX	WY	WR	SV	EV	DT	K	H	IX	IY	
D	N/A	A	A	A	A	A	N/A	N/A	A	A	A
n	A	A	A	A	A	A	A	A	A	A	A

3）示例说明

当触发器 R0 为 ON 时，将数据寄存器 DT0 中数据右移 4 位。

数据位 3 中的数据传输至特殊内部继电器（进位标志）。

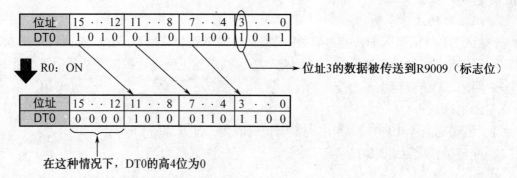

4）描述

将由 D 指定的 16 位数据区向右（向低位）移 n 位。

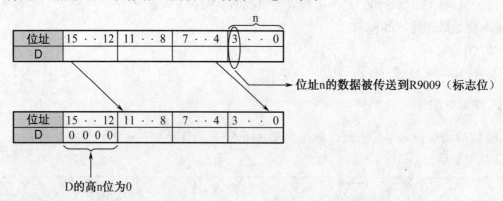

当右移 n 位时，16 位数据区的高 n 位填充 0。数据位 n 位中的数据被传输至特殊内部继电器 R9009（进位标志）。n 只有 16 位数据区的低 8 位有效。移动总位数可在 1～255 位范围内指定。

5）标志位状态

（1）错误标志（R9007）：在变址数指定区超限时为 ON 并保持 ON。

（2）错误标志（R9008）：在变址数指定区超限时瞬间为 ON。

（3）进位标志（R9009）：当传输到 R9009（第 n 位）的内容被认为是 1 时，瞬间为 ON。

3. F85 NEG

16 位数据求补，计算 16 位数据对 2 的补码。

1）程序示例

梯形图程序	布尔形式	
	地　　址	指　　令
触发器 R20 10 ─┤├───[F85 NEG, DT 0]─ 　　　　　　　　　　　D	10 11	ST　　R　　　20 F85　　　　（NEG） DT　　　　　　0
D	存储源数据及求补结果的低 16 位数据区	

2）操作数

操作数	继电器			定时器/计数器		数据寄存器	常数		索引变址		索引变址
	WX	WY	WR	SV	EV	DT	K	H	IX	IY	
D	N/A	A	A	A	A	A	N/A	N/A	A	A	A

3）示例说明

当触发器 R20 为 ON 时，计算数据寄存器 DT0 对 2 的补码。

位址	15 · · 12	11 · · 8	7 · · 4	3 · · 0
DT0	0 0 0 0	0 0 0 0	0 0 0 0	0 0 1 1
十进制	K3			

⬇ R20：ON

位址	15 · · 12	11 · · 8	7 · · 4	3 · · 0
DT0	1 1 1 1	1 1 1 1	1 1 1 1	1 1 0 1
十进制	K-3			

4）描述

计算 D 指定的 16 位数据。对 2 的补码是指将数据的各位取反后再加 1。本指令可用于将 16 位数据由正数改为负数或由负数改为正数。

5）标志位状态

（1）错误标志（R9007）：在变址数指定区超限时为 ON 并保持 ON。

（2）错误标志（R9008）：在变址数指定的区超限时瞬间为 ON。

4．F87 ABS

16 位数据取绝对值，求得带符号 16 位数据的绝对值。

1）程序示例

梯形图程序	布尔形式	
	地 址	指 令
触发器 　　R20 10─┤├──[F87　ABS，DT 0　　] 　　　　　　　　└D┘	10 11	ST　　R　　20 F87　　　（ABS） DT　　　0
D	存放源数据及结果的 16 位数据区	

2）操作数

操作数	继电器			定时器/计数器		数据寄存器	常数		索引变址		索引变址
	WX	WY	WR	SV	EV	DT	K	H	IX	IY	
D	N/A	A	A	A	A	A	N/A	N/A	A	A	A

3）示例说明

当触发器 R20 为 ON 时，求得数据寄存器 DT0 的绝对值。

例如：无论 DT0 的值是 K1 还是 K-1，在执行本指令后 DT0 的值都将为 K1。

4）描述

求得由 D 指定的带符号的 16 位数据的绝对值。带符号的 16 位数据的绝对值存储于 D 内。本指令适用于处理符号（+或-）变化的数据。

5）标志位状态

（1）错误标志（R9007）：在以下情况时为 ON 并保持 ON。

① 在变址数指定区超限；

② 16 位数据为负数最小值"K-32768（H8000）"。

（2）错误标志（R9008）：在以下情况时瞬间为 ON。

① 在变址数指定区超限；

② 16 位数据为负数最小值"K-32768（H8000）"。

（3）进位标志（R9009）：当 16 位数据超出负数范围"K-1～K-32767（HFFFF～H8001）"时瞬间为 ON。

5. F122 RCR

16 位数据循环右移，将指定的 16 位数据带进位标志位循环右移指定的位数。

1）程序示例

梯形图程序	布尔形式	
	地　址	指　令
触发器 R0 10—┤├—[F122 RCR, DT 0, K 4] 　　　　　　　　D　　n	10 11 	ST　　R　　20 F122　　（RCR） DT　　　　0 K　　　　　4
D	右移的 16 位数据区	
n	指定移位的位数的 16 位常数或 16 位数据区	

2）操作数

操作数	继电器			定时器/计数器		数据寄存器	常数		索引变址		索引变址
	WX	WY	WR	SV	EV	DT	K	H	IX	IY	
D	N/A	A	A	A	A	A	N/A	N/A	A	A	A
n	A	A	A	A	A	A	A	A	A	A	A

3）示例说明

当触发器 R0 为 ON 时，将数据寄存器 DT0 中数据带进位标志位的数据"1"循环右移 4 位。

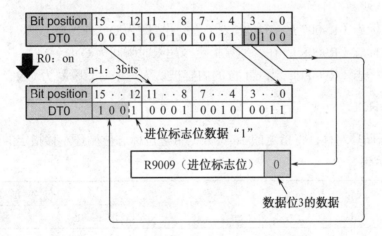

4）描述

将由 D 指定的 16 位数据区向右（向低位）带进位标志位循环移 n 位。

示例　循环右移 1 位。

当带进位标志位循环右移 n 位时，数据位 n-1 位（编号从 0 位开始）中的数据被传输至特殊内部继电器 R9009（进位标志）。从 0 位开始的 n 位数据向右移出，同时将进位标志位的数据和从 0 位开始的 n-1 位数据被移动到 D 指定的数据的高位。指定 n 时，16bit 的数据只有低 8 位有效。

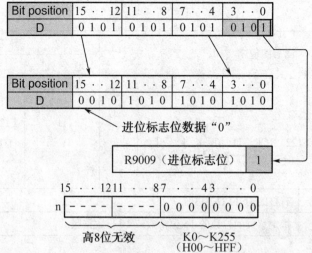

5）编程时注意事项

当 n 指定的数值为 17 位的倍数时，实际的操作不变。

示例

n=K17：操作与 n=K0 时相同；

n=K18：操作与 n=K1 时相同；

……

n=K34：操作与 n=K0 时相同；

n=K35：操作与 n=K1 时相同。

6）标志位状态

（1）错误标志（R9007）：在变址数指定区超限时为 ON 并保持 ON。

（2）错误标志（R9008）：在变址数指定区超限时瞬间为 ON。

（3）进位标志（R9009）：当 n-1 位的内容被认为是 1 时，瞬间为 ON。

6. F123 RCL

16 位数据循环左移，将指定的 16 位数据带进位标志位循环左移指定的位数。

1）程序示例

梯形图程序	布尔形式	
	地　址	指　令
触发器　R0 10─┤├──[F123 RCL, DT 0, K 4] 　　　　　　　　　　　　D　　n	10 11	ST　　R　　　20 F123　　　（RCL） DT　　　　　0 K　　　　　4
D	右移的 16 位数据区	
n	指定移位的位数的 16 位常数或 16 位数据区	

2）操作数

操作数	继电器			定时器/计数器		数据寄存器	常数		索引变址		索引变址
	WX	WY	WR	SV	EV	DT	K	H	IX	IY	
D	N/A	A	A	A	A	A	N/A	N/A	A	A	A
n	A	A	A	A	A	A	A	A	A	A	A

3）示例说明

当触发器 R0 为 ON 时，将数据寄存器 DT0 中数据带进位标志位的数据"1"循环左移 4 位。

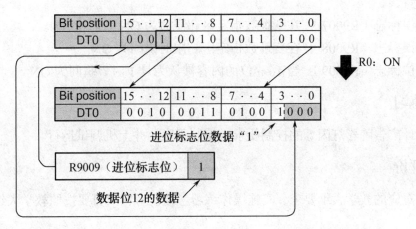

4）描述

将由 D 指定的 16 位数据区向左（向高位）带进位标志位循环移 n 位。

示例 循环左移 1 位。

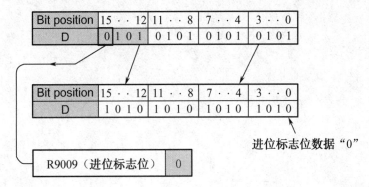

当带进位标志位循环左移 n 位时，数据位 16-n 位（从 15 位开始的第 n 位）中的数据被传输至特殊内部继电器 R9009（进位标志）。从 15 位开始的 n 位数据向左移出，同时将进位标志位的数据和从 15 位开始的 n-1 位数据被移动到 D 指定的数据的低位。指定 n 时，16 位的数据只有低 8 位有效。

5）编程时的注意事项

当 n 指定的数值为 17 位的倍数时，实际的操作不变。

示例

n=K17：操作与 n=K0 时相同；

n=K18：操作与 n=K1 时相同；

……

n=K34：操作与 n=K0 时相同；

n=K35：操作与 n=K1 时相同。

6）标志位状态

（1）错误标志（R9007）：在变址数指定区超限时为 ON 并保持 ON。

（2）错误标志（R9008）：在变址数指定区超限时瞬间为 ON。

（3）进位标志（R9009）：当 16-n 位的内容被认为是 1 时，瞬间为 ON。

六、操作练习

自行设计广告牌彩灯闪烁的控制要求，编制程序，并上机调试运行。

七、教学评价

根据相对应的教学大纲要求，实施操作练习考核。考核项目要按照教学大纲要求的评分标准进行。

项目七

PLC通信

教学目标

终极目标：

能够通过适配器将多台 PLC 组网并和上位机计算机通信。

促成目标：

独立完成 8 台 FP0-C16 型 PLC 的组网，并和上位机计算机通信。

模块 1　FP0 系列 PLC 组网

一、教学目标

终极目标：

能够通过适配器将多台 FP0 型 PLC 和计算机一起组网。

促成目标：

1. 能正确使用适配器将多台 PLC 连接成一个网络并和上位机计算机连接；
2. 能正确对网络进行设置。

二、工作任务

将 8 台 FP0-C16 型 PLC 和一台计算机组成一个网络。

三、实践操作

1. 使用连接端子将多台 PLC 连接在一起

2. 使用 RS232/485 连接上位机计算机

3. 对各台 PLC 进行通信设置

启动 FPWIN GR 编程软件，选择如图 7-1 所示"选项（D）"→"通信设置（C）"选项，弹出如图 7-2 所示的"通信设置"对话框，然后按图 7-2 所示进行设置。

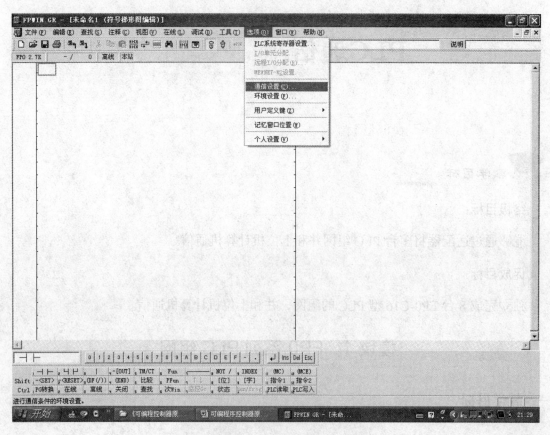

图 7-1 "通信设置"选项

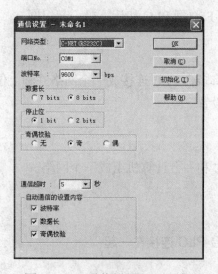

图 7-2 "通信设置"对话框

按如图 7-3 所示选择"在线（L）"→"通信站指定（S）"选项，弹出如图 7-4 所示"通信站指定"对话框。按图示选择"C-NET"通信网络，对每台 PLC 设置站号，每台的站号不能重复。

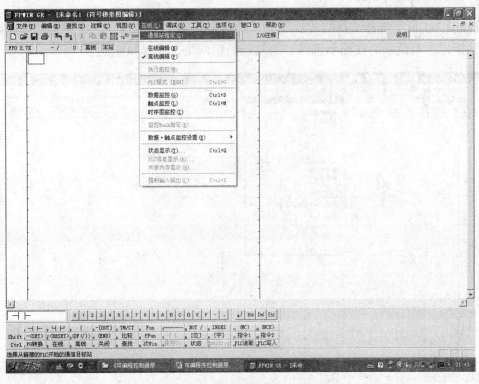

图 7-3 "通信站指定"选项

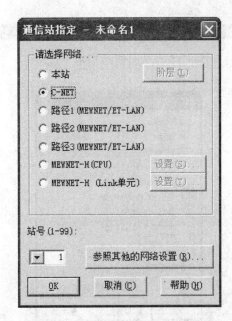

图 7-4 "通信站指定"对话框

进行通信站指定时,要逐台 PLC 进行设置,其他的 PLC 要关闭,每台 PLC 按上述设置好后,重启,然后即可和上位机进行通信。

4. 对上位机进行设置

按如图 7-5 所示选择"在线(L)"→"通信站指定(S)"选项,将弹出如图 7-6 所示"通信站指定"对话框。按图示选择"本站"通信网络,站号只能是 0。

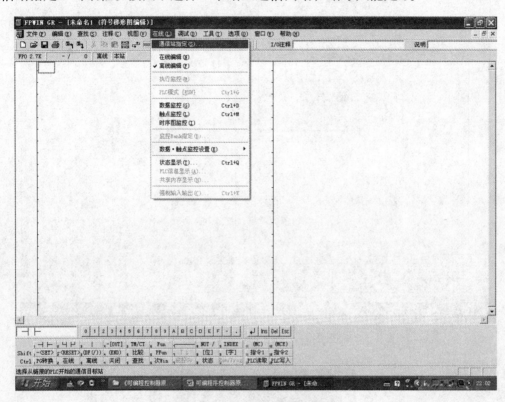

图 7-5 "通信站指定"选项

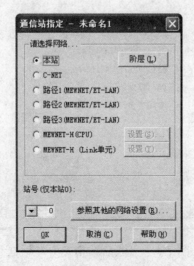

图 7-6 "通信站指定"对话框

四、问题探究

通信的基本概念和接口？

计算机 CPU 与外部的信息交换称为通信。基本的数据通信方式有两种：并行通信方式和串行通信方式。在并行通信方式中，并行传输的数据的每一位同时传送；在串行通信方式中，数据一位接一位地顺序传送。

尽管并行通信的传递速度快，但是，串行通信的数据的各不同位，可以分时使用同一传输通道，故能节省传送线，特别当传送数据的位数很多或长距离传送时这个优点更突出。

1. 串行通信的数据传送方式

串行通信中，数据在两个站之间是双向传送的，A 站可作为发送端，B 站作为接收端，也可以 A 站作为接收端，B 站作为发送端，如图 7-7 所示。

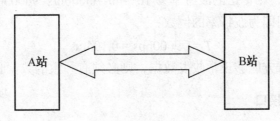

图 7-7 数据在两个站之间是双向传送

串行通信可根据要求分为单工、半双工和全双工三种传送方式。

（1）单工：数据只按一个固定的方向传送。

（2）半双工：每次只能有一个站发送，即只能是由 A 发送到 B，或由 B 发送到 A，不能 A 和 B 同时发送。

（3）全双工：两个站同时都能发送。

在串行通信中经常采用非同步通信方式，即异步通信方式。所谓异步是指相邻两个字符数据之间的停顿时间是长短不一的，在异步串行通信中，收发的每一个字符数据是由四个部分按顺序组成的，如图 7-8 所示。

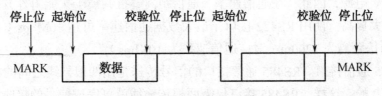

图 7-8 异步通信方式

（1）起始位：标志着一个新字节的开始。当发送设备要发送数据时，首先发送一个低电平信号，起始位通过线传向接收设备，接收设备检测到这个逻辑低电平后就开始准备接收数据位信号。

（2）数据位：起始位之后就是 5、6、7 或 8 位数据位，IBM PC 机中经常采用 7 位或 8 位数据传送。当数据位为 0 时，收发线为低电平，反之为高电平。

（3）奇偶校验位：用于检查在传送过程中是否发生错误。若选择偶校验，则各位数据加上校验位使字符数据中为"1"的个数为偶数；若选择奇校验，其和将是奇数，奇偶校验位可有可无，可奇可偶。

（4）停止位：停止位是低电平，表示一个字符数据传送结束。停止位可以是一位、一位半或两位。

在异步数据传送中，CPU 与外设之间必须有两项规定：

（1）字符数据格式：即前述的字符信号编码形式。例如，起始位占用一位，数据位为 7 位，一个奇偶校验位，加上停止位，于是一个字符数据就由 10 个位构成；也可以采用数据位为 8 位，无奇偶校验位等格式。

（2）波特率：即在异步数据传送中单位时间内传送二进制数的位数。假如数据传送的格式是 7 位字符，加上奇校验位、一个起始位以及一个停止位，共 10 个数据位，而数据传送的速率是 960bit/s，则传送的波特率为 10*960=9600bit/s=9600bps""

每一位的传送时间即为波特率的倒数：

$$T_d=1/9600bps≈0.104ms$$

所以，要想通信双方能够正常收发数据，则必须有一致的数据收发规定。

2. 异步串行通信接口

在分布式控制系统中普遍采用串行数据通信，即用来自微机串行的命令对控制对象进行控制的操作。下面介绍松下 FP0 系列 PLC 与 PC 机之间进行数据传送时采用的几种串行通信接口。

（1）RS232C 通信接口。RS232C 是电子工业协会 1962 年公布的一种标准化接口。它采用按位串行的方式，传递的波特率规定为 19200、9600、4800、2400、1200、600、300 等。IBM PC 及其兼容机通常均配有 RS232C 接口。在通信距离较近，波特率要求不高的场合可以直接采用，既简单又方便。但是，由于 RS232C 接口采用单端发送、单端接收，所以，在使用中有数据通信速率低、通信距离近（15m）、抗共模干扰能力差等缺点。

（2）RS422 通信接口。RS422 接口采用差动发送、差动接收的工作方式，发送器、接收器仅使用+5V 电源，因此，在通信速率、通信距离、抗共模干扰能力等方面，较 RS232 接口都有了很大提高。使用 RS422 接口，最大数据通信速率可达 10Mbps（对应通信距离 12m），最大通信距离为 1200m（对应通信速率为 10Kbps）。

（3）RS485 通信接口。RS485 通信接口的信号传送是用两根导线之间的电位差来表示逻辑 1 和逻辑 0 的，这样，RS485 接口仅需两根传输线就可完成信号的接收和发送任务。由于传输线也采用差动接收、差动发送的工作方式，而且输出阻抗低、无接地回路问题，所以它的干扰抑制性很好，传输距离可达 1200m，传输速率达 10Mbps。

五、知识拓展

FP0 的通信功能

FP0 的通信功能是由上位计算机读写 FP0 中的接点信息和其数据寄存器中的内容，以实现如数据采集、监控运行状态的功能。

1. 计算机与 FP0 控制单元之间的通信

1）实现一对一通信（1∶1 方式）

（1）FP0 的 RS232C 口与计算机的 RS232C 口连接通信。

（2）FP0 的 RS422 口通过 RS422/RS232C 适配器与计算机的 RS232C 口连接进行通信。

2）一台计算机与多台（最多 32 台）FP0 控制单元的通信（1∶N 方式）

实现 1∶N 方式，需配备 C-NET 适配器，它是 FP0 的主控单元的 RS485 与 RS422 之间的信号转换器，在 C-NET 适配器之间可用两线或双绞线电缆进行连接。由于在此方式下，每台 PLC 被分配不同的站号，所以，在进行通信过程中，PLC 通过识别站号而作出响应。

2. FP0 与外围设备之间的通信

当 FP0 和具有 RS232 口的设备连接时，可实现与这些设备之间的数据输入和输出，如 IOP（智能终端）、条码判读器、打印机等。

六、操作练习

将 8 台 PLC 使用 RS232/485 适配器进行联网、设置、通信。

七、教学评价

根据相对应的教学大纲要求，实施操作练习考核。考核项目要按照教学大纲要求的评分标准进行。

模块 2 上位机与网络中各台 PLC 的通信

一、教学目标

终极目标：

能够对通过 RS232/485 组网的 PLC 通信系统进行读、写和设置控制操作。

促成目标：

1. 能正确设置与上位机通信的 PLC；
2. 能通过上位机对 PLC 进行读、写、控制、监控和调试运行等操作。

二、工作任务

通过上位机对网络中的各台 PLC 进行读、写和设置控制。

三、实践操作

上位机可以和网络中的每台 PLC 进行控操作，对哪台 PLC 进行操作需要先进行通信站指定，具体操作是：选择如图 7-9 所示的"在线（L）"→"通信站指定（S）"选项，将弹出如图 7-10 所示对话框，按图示选择 C-NET 通信网络，站号为要通信的那台 PLC 的站号。设置好后即可使用 FPWIN GR 编程软件对 PLC 的读、写、监控、调试、控制等功能对 PLC 进行操作。

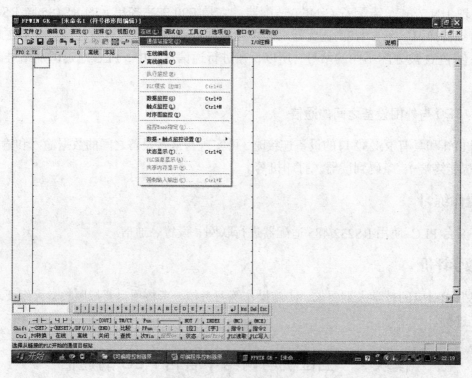

图 7-9　通信站指定选择

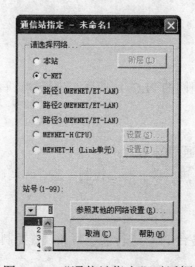

图 7-10　"通信站指定"对话框

（1）读每台 PLC 中的用户程序。

（2）对每台 PLC 进行编程、运行控制。

（3）对每台 PLC 进行监控、调试。

（4）向每台 PLC 中写入用户程序。

四、问题探究

FP0 与计算机通信的实现：要使计算机与一台 FP0 通信，应该用手持编程器或 FPWIN GR 对系统寄存器进行设定。在 FP0 中与通信有关的系统寄存器为 No.410～No.418。

当一台计算机通过 RS232C 口与一台 FP0 的 RS232C 口通信时，要对系统寄存器 No.412～No.418 进行设定，其中系统寄存器 No.413（传输格式设定寄存器）中控制字各位的含义如下图所示。

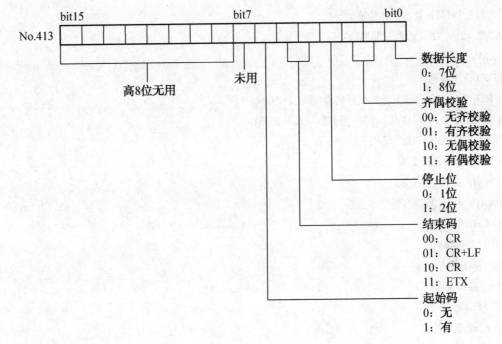

五、拓展型理论知识

通信协议：通信协议是通信双方就如何交换信息所建立的一些规定和过程。FP 系列 PLC 通信系统的基本协议是松下电工的专用通信协议 MEWTOCOL。

六、操作练习

读、写及对下位机的运行进行监控。

七、教学评价

根据相对应的教学大纲要求，实施操作练习考核。考核项目要按照教学大纲要求的评分标准进行。

附录

松下高级指令一览表（编号顺序）

F0 MV：16bit 数据传输

F1 DMV：32bit 数据传输

F2 MV/：16bit 数据求反传输

F3 DMV/：32bit 数据求反传输

F4 GETS：读取指定插槽的起始字 No.

F5 BTM：bit 数据传输

F6 DGT：digit 数据传输

F7 MV2：2 个 16bit 数据一并传输

F8 DMV2：2 个 32bit 数据一并传输

F10 BKMV：块传输

F11 COPY：块复制

F12 ICRD：读取 IC 存储卡、扩展存储器/读取 F-ROM

F13 ICWT：写入 IC 存储卡、扩展存储器/写入 F-ROM

F14 PGRD：读取 IC 存储卡程序

F15 XCH：16bit 数据交换

F16 DXCH：32bit 数据交换

F17 SWAP：16bit 数据高低字节互换

F18 BXCH：块交换

F19 SJP：间接跳转

F20 +：16bit 加法

F21 D+：32bit 加法

F22 +：16bit 加法

F23 D+：32bit 加法

F25 -：16bit 减法

F26 D-：32bit 减法

F27 -：16bit 减法

F28 D-：32bit 减法

F30 *：16bit 乘法

F31 D*：32bit 乘法

F32 %：16bit 除法

F33 D%：**32bit** 除法

F34 *W：16bit 乘法（结果 16bit）

F35 +1：16bit 数据增 1

F36 D+1：32bit 数据增 1

续表

松下高级指令一览表（编号顺序）
F37 -1：16bit 数据减 1
F38 D-1：32bit 数据减 1
F39 D*D：32bit 乘法（结果 32bit）
F40 B+：4 位 BCD 加法
F41 DB+：8 位 BCD 加法
F42 B+：4 位 BCD 加法
F43 DB+：8 位 BCD 加法
F45 B-：4 位 BCD 减法
F46 DB-：8 位 BCD 减法
F47 B-：4 位 BCD 减法
F48 DB-：8 位 BCD 减法
F50 B*：4 位 BCD 乘法
F51 DB*：8 位 BCD 乘法
F52 B%：4 位 BCD 除法
F53DB%：8 位 BCD 除法
F55 B+1：4 位 BCD 数据增 1
F56 DB+1：8 位 BCD 数据增 1
F57 B-：4 位 BCD 数据减 1
F58 DB-1：8 位 BCD 数据减 1
F60 1 CMP：16bit 数据比较
F61 DCMP：32bit 数据比较
F62WIN：16bit 数据区段比较
F63 DWIN：32bit 数据区段比较
F64 BCMP：数据块比较
F65 WAN：16bit 数据逻辑与
F66 WOR：16bit 数据逻辑或
F67 XOR：16bit 数据逻辑异或
F68 XNR：16bit 数据逻辑异或非
F69 WUNI：字结合
F70 BCC：区块检查码（BCC）计算
F71 HEXA：HEX→16 进制 ASCII 转换
F72 AHEX：16 进制 ASCII→HEX 转换
F73 BCDA：4 位 BCD→10 进制 ASCII 转换
F74 ABCD：10 进制 ASCII→4 位 BCD 转换
F75 BINA：16 位 BIN→10 进制 ASCII 转换
F76 ABIN：10 进制 ASCII→16 位 BIN 转换
F77 DBIA：32 位 BIN→10 进制 ASCII 转换
F78 DABI：10 进制 ASCII→32 位 BIN 转换

续表

松下高级指令一览表（编号顺序）
F80 BCD：16bitBIN→4 位 BCD 转换
F81 BIN：4 位 BCD→16bitBIN 转换
F82 DBCD：32bitBIN→8 位 BCD 转换
F83 DBIN：8 位 BCD→32bitBIN 转换
F84 INV：16bit 数据求反
F85 NEG：16bit 数据求补
F86 DNEG：32bit 数据求补
F87 ABS：16bit 数据取绝对值
F88 DABS：32bit 数据取绝对值
F89 EXT：带符号位扩展
F90 DECO：数据解码
F91 SEGT：7 段码解码
F92 ENCO：数据编码
F93 UNIT：16bit 数据组合
F94 DIST：16bit 数据分离
F95 ASC：ASCII 码转换
F96 SRC：16bit 数据查找
F97 DSRC：32bit 数据查找
F98 CMPR：压缩移位读取
F99 CMPW：压缩移位写入
F100 SHR：16bit 数据右移 n bit
F101 SHL：16bit 数据左移 n bit
F102 DSHR：32bit 数据右移 n bit
F103 DSHL：32bit 数据左移 n bit
F105 BSR：1digit（4bit）右移
F106 BSL：1digit（4bit）左移
F108 BITR：n bit 部分一并右移
F109 BITL：n bit 部分一并左移
F110 WSHR：字单位一并右移
F111 WSHL：字单位一并左移
F112 WBSR：digit（4bit）单位一并右移
F113 WBSL：digit（4bit）单位一并左移
F115 FIFT：缓冲区定义
F116 FIFR：从缓冲区读取最早的数据
F117 FIFW：写入缓冲区
F118 UDC：加/减计数器
F119 LRSR：左右移位寄存器

松下高级指令一览表（编号顺序）

F120 ROR：16bit 数据循环右移

F121 ROL：16bit 数据循环左移

F122 RCR：16bit 数据循环右移（带进位位）

F123 RCL：16bit 数据循环左移（带进位位）

F125 DROR：32bit 数据循环右移

F126 DROL：32bit 数据循环左移

F127 DRCR：32bit 数据循环右移（带进位位）

F128 DRCL：32bit 数据循环左移（带进位位）

F130 BTS：16bit 数据位置位

F131 BTR：16bit 数据位复位

F132 BTI：16bit 数据位求反

F133 BTT：16bit 数据位测试

F135 BCU：16bit 数据中 1 的总个数

F136 DBCU：32bit 数据中 1 的总个数

F137 STMR：辅助定时器（16bit）

F138 HMSS：时、分、秒→秒数据转换

F139 SHMS：秒数据转换为时/分/秒数据

F140 STC：进位标志置位

F141 CLC：进位标志复位

F142 WDT：看门狗定时器刷新

F143 IORF：部分 I/O 刷新

F144 TRNS：串行数据通信

F145 SEND：数据发送

F146 RECV：数据接收

F147 PR：并行打印输出指令一览表（编号顺序）

F148 ERR：自诊断错误设置

F149 MSG：显示信息

F150 READ：读取数据 WRT：写入数据

F151 RMRD：读取远程子站数据

F152 RMWT：写入远程子站数据

F153 SMPL：采样 STRG：采样触发器

F154 CADD：时间加法

F156 CSUB：时间减法

F157 MTRN：串行数据通信控制

F158 DSQR：2 字（32bit）数据平方根

F159 MRCV：MCU 串行端口接收

F160 HC0S：目标值一致 ON

续表

松下高级指令一览表（编号顺序）

F161 HC0R：目标值一致 OFF

F162 SPD0：速度控制（脉冲输出/模式输出）

F163 CAM0：凸轮输出控制 HC1S：目标值一致 ON（带通道指定）

F164 HC1R：目标值一致 OFF（带通道指定）

F165 SPD1：位置控制（带通道指定）

F166 PLS：脉冲输出指令（带通道指定）

F167 PWM：PWM 输出指令（带通道指定）

F168 SPDH：位置控制指令（带通道指定）

F169 PLSH：脉冲输出指令（JOG 运行：带通道指定）

F170 PWMH：PWM 输出指令（带通道指定）

F171 SP0H：脉冲输出指令（JOG 运行：带通道指定）

F172 SPSH：脉冲输出指令（直线插补）

F173 SPCH：脉冲输出指令（圆弧插补）

F174 HOME：脉冲输出指令（原点返回）

F175 PLSM：输入脉冲测定

F176 SCR：FP-e 画面显示登录指令

F177 DSP：FP-e 画面显示切换指令

F178 FILTR：时间常数处理

F180 DSTM：辅助定时器（32bit）

F181 MV3：3 个 16bit 数据一并传输

F182 DMV3：3 个 32bit 数据一并传输

F183 DAND：32bit 数据逻辑与

F190 DOR：32bit 数据逻辑或

F191 DXOR：32bit 数据逻辑异或

F215 DXNR：32bit 数据逻辑异或非

F216 DUNI：双字数据组合

F217 TMSEC：时间数据→秒数据

F218 SECTM：秒数据→时间数据

F219 GRY：16bit 二进制→BCD 码转换

F236 DGRY：32bit 二进制→BCD 码转换

F237 GBIN：16 位 BCD 码→二进制转换

F238 DGBIN：32 位 BCD 码→二进制转换

F240 COLM：bit 行→bit 列转换

F241 LINE：bit 列→bit 行转换

F250 BTOA：二进制→ASCII 码转换

F251 ATOB：ASCII 码→二进制转换

F252 ACHK：ASCII 码检查

续表

松下高级指令一览表（编号顺序）
F257 SCMP：字符串比较
F258 SADD：字符串加法
F259 LEN：计算字符串长度
F260 SSRC：查找字符串
F261 RIGHT：获取字符串右侧部分
F262 LEFT：获取字符串左侧部分
F263 MIDR：获取字符串的任意部分
F264 MIDW：改写字符串的任意部分
F265 SREP：置换字符串
F270 MAX：最大值（16bit）
F271 DMAX：最大值（32bit）
F272 MIN：最小值（16bit）
F273 DMIN：最小值（32bit）
F275 MEAN：合计・平均值（16bit）
F276 DMEAN：合计・平均值（32bit）
F277 SORT：排序（16bit）
F278 DSORT：排序（32bit）
282 SCAL：16bit 数据线性化
283 DSCAL：32bit 数据线性化
284 RAMP：16bit 数据的斜坡输出
285 LIMT：上下限限位控制（16bit）
286 DLIMT：上下限限位控制（32bit）
287 BAND：数据死区控制（16bit）
288 DBAND：数据死区控制（32bit）
F300 ZONE：数据零区控制（16bit）
F301 DZONE：数据零区控制（32bit）
F302 BSIN：BCD 型实数正弦运算
F303 BCOS：BCD 型实数余弦运算
F304 BTAN：BCD 型实数正切运算
F305 BASIN：BCD 型实数反正弦运算
F306 BACOS：BCD 型实数反余弦运算
F307 BATAN：BCD 型实数反正切
F309 FMV：浮点数型实数数据传输
F310 F+：浮点数型实数数据加法
F311 F-：浮点数型实数数据减法
F312 F*：浮点数型实数数据乘法
F313 F%：浮点数型实数数据除法

续表

松下高级指令一览表（编号顺序）
F314 SIN：浮点数型实数数据正弦
F315 COS：浮点数型实数数据余弦
F316 TAN：浮点数型实数数据正切
F317 ASIN：浮点数型实数数据反正弦
F318 ACOS：浮点数型实数数据反余弦
F319 ATAN：浮点数型实数数据反正切
F320 LN：浮点数型实数数据自然对数
F321 EXP：浮点数型实数数据指数
F322 LOG：浮点数型实数数据对数
F323 PWR：浮点数型实数数据乘幂
F324 FSQR：浮点数型实数数据平方根
F325 FLT：16bit 整数→浮点型实数数据
F326 DFLT：32bit 整数→浮点型实数数据
F327 INT：浮点型实数数据→16bit 整数
F328 DINT：浮点型实数数据→32bit 整数
F329 FIX：浮点型实数数据→16bit 整数小数点以下舍去
F330 DFIX：浮点型实数数据→32bit 整数小数点以下舍去
F331 ROFF：浮点型实数数据→16bit 整数小数点以下四舍五入
F332 DROFF：浮点型实数数据→32bit 整数小数点以下四舍五入
F333 FINT：浮点型实数数据小数点以下舍去
F334 FRINT：浮点型实数数据小数点以下四舍五入
F335 F+/-：浮点型实数数据符号交换
F336 FABS：浮点型实数数据绝对值
F337 RAD：浮点型实数数据 角度→弧度
F338 DEG：浮点型实数数据 弧度→角度
F345 FCMP：浮点型实数数据实数比较
F346 FWIN：浮点型实数数据实数带域比较
F347 FLIMT：浮点型实数数据上下限限位控制
F348 FBAND：浮点型实数数据死区控制
F349 FZONE：浮点型实数数据零区控制
F350 FMAX：浮点型实数数据最大值
F351 FMIN：浮点型实数数据最小值
F352 FMEAN：浮点型实数数据合计・平均值
F353 FSORT：浮点型实数数据排序
F354 FSCAL：实数数据线性化
F355 PID：PID 运算
F356 EZPID：简易 PID 运算

松下高级指令一览表（编号顺序）
F373 DTR：数据变化检出（16bit）
F374 DDTR：数据变化检出（32bit）
F410 SETB：索引寄存器 Bank 设置
F411 CHGB：索引寄存器 Bank 切换
F412 POPB：索引寄存器 Bank 恢复
F414 SBFL：文件寄存器 Bank 设置
F415 CBFL：文件寄存器 Bank 切换
F416 P BFL：文件寄存器 Bank 恢复

反侵权盗版声明

电子工业出版社依法对本作品享有专有出版权。任何未经权利人书面许可，复制、销售或通过信息网络传播本作品的行为，歪曲、篡改、剽窃本作品的行为，均违反《中华人民共和国著作权法》，其行为人应承担相应的民事责任和行政责任，构成犯罪的，将被依法追究刑事责任。

为了维护市场秩序，保护权利人的合法权益，我社将依法查处和打击侵权盗版的单位和个人。欢迎社会各界人士积极举报侵权盗版行为，本社将奖励举报有功人员，并保证举报人的信息不被泄露。

举报电话：（010）88254396；（010）88258888
传　　真：（010）88254397
E-mail：　dbqq@phei.com.cn
通信地址：北京市海淀区万寿路173信箱
　　　　　电子工业出版社总编办公室
邮　　编：100036